Frank Patalong

# Der viktorianische Vibrator

Törichte bis tödliche Erfindungen
aus dem Zeitalter der Technik

W0194134

BASTEI
LÜBBE
TASCHENBUCH

# BASTEI LÜBBE TASCHENBUCH
## Band 60722

1. Auflage: Oktober 2012

Dieser Titel ist auch als E-Book erschienen.

Bastei Lübbe Taschenbuch in der Bastei Lübbe GmbH & Co. KG

Originalausgabe

Copyright © 2012 by Bastei Lübbe GmbH & Co. KG, Köln
In Kooperation mit SPIEGEL ONLINE, Hamburg

Textredaktion: Viola Krauß, Köln
Titelbild: © shutterstock/A. Kaiser, © shutterstock/I. Lazlo,
© getty-images/Science & Society Picture Library,
© Lindstrom Smith 1910
Umschlaggestaltung: Kirstin Osenau
Satz: hoop-de-la design. Florian v. Wissel, Köln
Gesetzt aus der Garamond 3 LT
Druck und Verarbeitung: CPI – Ebner & Spiegel, Ulm
Printed in Germany
ISBN 978-3-404-60722-8

Sie finden uns im Internet unter
www. luebbe.de
Bitte beachten Sie auch: www.lesejury.de

www. viktorianischervibrator.de

Der Preis dieses Bandes versteht sich einschließlich
der gesetzlichen Mehrwertsteuer.

# INHALT

**Exkurse**
Schwimmen lernen per Telefon • Uhr weckt Schläfer mit Musik • Hi-Fi 1889

**Exkurse**
Projekt zur Trockenlegung der Nordsee • Freizeitpark Pyramide: Die fliegende Mammut-Schaukel

Exkurse
Elektrischer Vielfach-Vibrator massiert die Kopfhaut • Augentrainer korrigiert
Sehfehler • Elektrische »Bombardement«-Behandlung heilt blaue Augen •
Elektrisches Bad bekämpft Krankheiten

Exkurse
Bart ab mit Schlamm und Röntgenstrahlen • Das Skiameter: Wie stark ist meine
Röntgenröhre? • Fluoroskop ein Erfolg: Mr. Edisons Erfindung auf Elektrik-
Ausstellung gezeigt • Per Radiowellen zubereiteter Toast schmeckt nie verbrannt,
selbst wenn er schwarz ist • Hühnchen sind verstrahlte Hähnchen

*Für Fiona*

# VORGESCHICHTE

## Mein erster Vibrator

Es gab bessere Plätze, einen Tapeziertisch mit Trödel aufzustellen, als an der Ecke, wo die zum unteren alten Stadttor hinabführende Straße auf den Bärenklaupfad trifft. Das war deutlich abseits vom Hauptstrom der Trödelmarkt-Besucher, die sich durch die Gassen des Kleinstädtchens schoben. Unterhalb der Ecke gab es nur noch sehr wenige Stände und hinter dem Tor den Parkplatz: Wer hier vorbeikam, hatte den Trödel eigentlich schon hinter sich.

An diesem Tag stand dort noch ein Tisch, und dahinter saß ein junges Mädchen, eine Anfängerin – zu spät aufgestanden vermutlich. Trödelmärkte sind ein hartes Geschäft.

Die Trödelmärkte der Stadt Blankenberg, eines idyllischen Fleckchens im rheinischen Süden von NRW, sind legendär. Eine mittelalterlich geprägte Bilderbuchsiedlung ist Blankenberg, das mit seiner Burg und seiner weitgehend erhaltenen Stadtmauer auf einem rund 80 Meter hohen Fels über der Sieg thront. Der Blick von dort oben ist die reine Idylle. Das Flusstal liegt weit unter dem Betrachter, eine Aue zwischen Höhenzügen. Nur entlang der Straße kann man einige wenige Häuser erkennen, wenn man genau hinsieht. Schräg gegenüber liegt ein Höhenzug, der das Tal zur anderen Seite steil einfasst, und das Ende der Welt, wie die Kinder hier sagen: Ein Fels, von dem sich in der warmen Jahreshälfte die Drachenflieger in die Tiefe stürzen. Man begreift, warum hier einst eine Burg gebaut wurde. Doch trotz seiner langen Geschichte, die bis ins Jahr 1171 zurückreicht, bringt es Blankenberg bis heute nur auf rund 660 Einwohner. Warum das so ist, begreift man, wenn man sich über den so beliebten wie empfehlenswerten Trödelmarkt schiebt: Hier ist einfach nicht mehr Platz.

Denn die Gassen sind eng, die Häuser sind alt, und das Ambiente ist nostalgisch-rustikal. Provinz nennt man das wohl, und noch vor wenigen Jahrzehnten war es ganz schön weitab vom Schuss. Vielleicht braucht es solch einen Ort, um noch einen wahren Trödelmarkt zu veranstalten. Neuware aus Osteuropa und der Türkei sucht man hier vergeblich. Dafür findet man lackierungsbedürftige Mandolinen, wenn man will. Oder alte Milchkannen, Lampen aus beinahe echtem Messing oder die Anwerfkurbel eines Oldtimers. Und wenn man genau hinsieht, entdeckt man vielleicht sogar Schätze, wie man sie bis dahin noch nicht gesehen hat.

Mein Schatz lag auf einem Tapeziertisch in der zweiten Reihe. Ebenso wenig eine gute Lage, wenn man so will; und dem jungen Mädchen, das hinter dem Tisch gelangweilt auf einem Camping-Klappstuhl saß, war das ins Gesicht geschrieben. Dicht an dicht lagen ihre Waren auf der Tischfläche, unwahrscheinlich, dass es in ihrem Portemonnaie ähnlich voll aussah. Was sie anzubieten hatte, waren Familienschätze, die nun wirklich niemand mehr gebrauchen konnte: zieliertes Besteck, ornamentiertes Geschirr, arg rustikaler Wandschmuck, dazu einst von Kinderhänden getöpferte Kunstwerke, für die sich ein Handwerker des Paläolithikums geschämt hätte, und andere Kostbarkeiten – und mittendrin ein schwarzer, mit einer Art billigem Kunstleder beschichteter Holzkasten.

Darin: eine seltsame Apparatur.

Auf den ersten Blick war eine Art Transformator zu erkennen, dazu ein längliches Aufnahmestück für einzusteckende Einsätze, mit Schieberegler und Kabel. Zusätzlich eine kleine Auswahl exotisch geformter Glasröhren mit einem metallenen Kontakt am Ende, offenbar zur Einführung in den schwarzen Handhalter. Das alles hatte man fein säuberlich mit Metallklammern im oberen und unteren Teil des Kastens fixiert, auf dass es nicht herumfliege und zerbreche. Innen war der Kasten mit violettem Samt ausgeschlagen. Mein Interesse war geweckt.

»Was ist denn das?«, fragte ich das Mädchen.

Sie sprang auf, als habe ihr Wecker geklingelt. Mit flatternden Händen kramte sie den Kasten aus dem Trödelwust und hielt ihn mir entgegen.

»Weiß nicht genau«, sagte sie, »ist von meiner Oma!«

Und dann erzählte sie, das Ding habe mit Gesundheit zu tun, dass ihre Oma es echt gern gehabt habe, es nun aber kaputt sei wegen des angeschmorten Kabels. Was man jedoch sicher wieder reparieren könne.

Ich schaute mir den Apparat derweil näher an. »Frequenta« stand auf einer am unteren Ende des Trafos angebrachten Plakette, »Velmag Leipzig« und »Erdschlussfrei«. In der Mitte des Trafos sah man eine Art Potentiometer, einen Drehknopf, mit dem man irgendetwas regulierte. Die Stromstärke? Eine Impulsgeschwindigkeit?

Das Plastik ähnelte dem Material uralter Telefone; Bakelit nennt man das, erinnerte ich mich. Hergestellt hatten es offenbar die »Vereinigt. Fabriken elektr. Apparate«.

»Und wie alt ist das Ding?«, fragte ich.

Sie zuckte mit den Schultern. Meine eifrige Trödelverkäuferin war vielleicht 15, 16 Jahre jung. In ihrer Welt schied sich die Zeit vermutlich in zwei Phasen:

1. ab 1990 (der Zeitpunkt, an dem dank ihrer Geburt Zeitrechnung und Zivilisation begannen);

2. vor 1990 (die Steinzeit; als Eltern noch jung waren, bizarre Tänze tanzten und absurde Frisuren trugen, am Rhein noch das Mammut zur Tränke ging und über dem Westerwald der Flugsaurier kreiste, während sich die deutsche Wehrmacht mit Darth Vader und den römischen Legionen ein Gefecht im Teutoburger Wald lieferte).

Eigentlich für die medizinische Anwendung vermarktet, wurden Hochfrequenzgeräte auch zur sexuellen Stimulation eingesetzt.

Ob dieser Kasten da nun 50, 70 oder 100 Jahre alt war, war keine Frage, die sie beantworten oder überhaupt für relevant hätte halten können: Er war einfach aus der Steinzeit. Uralt.

Sie fragte: »Soll ich eben meine Oma anrufen?«

»Nein danke, nicht nötig«, sagte ich. Und: »Was soll die Kiste denn kosten?«

Sie schaute mir in die Augen und machte ein gequältes Gesicht. »Sechzig«, stieß sie hervor, »hat meine Oma gesagt. Ich soll das Ding auf keinen Fall für weniger abgeben!«

Sie merkte sofort, dass mir das zu viel war. Wieder flatterte sie umher wie ein Vogel in Panik. Sie sah ihren Umsatz entschwinden, ihre Chance darauf, dass der am Tapeziertisch verbrachte Tag doch nicht völlig vergebens war. Ich wusste, dass sie mir den Kasten gern für weniger geben wollte. »Was würden Sie denn bezahlen? Ich kann ja meine Oma anrufen!«

Bei dieser Variante läuft der Strom über die Fingerspitzen des Masseurs – und verursacht Wärmegefühle und kleine, prickelnde Schocks.

Ich überlegte. Wie viel ist ein kaputtes altes Elektrogerät unbestimmter Natur wert? Das Kabel war ordentlich verschmort und ziemlich alt. Der Stecker erinnerte an unsere heutige Version, entsprach jedoch nicht ganz dem Schuko-Standard. Mit allerhöchster Wahrscheinlichkeit war das Ding zwar chic, aber Schrott: ein Regal-Utensil, ein weiterer Staubfänger, ein Sammlerobjekt. Was durfte mir das wert sein, ohne dass mir mein Schatz (der, mit dem ich verheiratet bin) wieder einmal sagen würde: »Mann, die hat dich kommen sehen und gedacht: ›Toll, der guckt so blöd, den nehme ich jetzt aus!‹«

»Vierzig?« fragte ich sondierend.

Das Handy war derart schnell an ihrem Ohr, dass sie schon vorher gewählt haben musste. Sie diskutierte, drehte sich weg, entfernte sich ein, zwei Schritte. Verhandelte für mich. Ich konnte zwar nicht hören was, aber die Art wie sie verhandelte war die einer Enkelin, die auf bewährte Weise um einen großmütterlichen Gefallen bettelt. Sie quengelte so, dass keine normale Großmutter ihr eine Bitte abschlagen konnte. Sie war genauso alt wie meine Tochter damals, und sie tat mir in dieser Situation schon wieder leid. Dann richtete sie sich auf, drehte sich um, sagte noch etwas, das ich nicht verstand, und ihre Augen funkelten. »Okay«, sagte sie dann zu mir und steckte das Handy weg. »War nicht leicht, weil sie echt daran hing.«

Der Kasten wechselte in meinen Besitz. Was mich daran mehr als alles andere interessierte war das offenbar sehr emotionale Verhältnis, das die Oma zu dieser Maschine hatte.

Auf dem Trödelmarkt in Blankenberg, an diesem Nachmittag im Frühsommer 2005, begann ich, Geschichten über frühe Technik und die Reaktionen darauf zu sammeln. Was ich herausfand? Dass viele vermeintlich neue Ideen in Wahrheit steinalt sind; dass irrationale, scheinbar völlig hirnfreie Reaktionen auf neue technologische Spielereien absolut kein Privileg der heutigen Zeit sind, und dass die Technologien, die am meisten begeistern, solche sind, die unseren Spieltrieb, unsere Eitelkeit oder unsere Lust befördern.

Natürlich ahnte ich auch längst, was ich auf diesem Trödelmarkt gekauft hatte. »Was ist denn das?«, fragte Fiona später: »Hast Du wieder zugeschlagen?«

Sie ist daran gewöhnt, dass ich auf Trödelmärkten alte Godzillafilme kaufe, belgische Comics und andere wichtige, nützliche Dinge.

»Ein achtzig Jahre alter Vibrator«, sagte ich, denn das war meine Theorie. Ganz richtig war das zwar nicht, wie ich später herausfinden sollte, prinzipiell aber schon. Das Ding vibrierte nicht nur, es wurde auch warm, leuchtete und gab kleine elektrische Schocks ab. Zu Urgroßmutters Zeiten war das Ding ein weltweiter Verkaufsschlager – doch dazu später mehr ...

# VORWORT

## Das Weltrad

Das Weltrad saust,
Ich sause mit!
Es schüttert, schleudert, rast, braust
Pfeifendschrill –
Ich schleudere, rase, brause mit
Weil ich will! Weil ich will!

Ich geh täglich meine mühsamen Schritte,
Doch – zu wirbelndem Fluge
Im Zeit-Zuge
Reißt mich des Weltrades Kraftmitte
Vorwärts!

Das Weltradsausen singt,
Der unaufhörlich große Ton bezwingt
Mich in den Rasekreis:
Das ist mein Schicksalsbeschluß,
Das ist alles, was ich weiß:
Daß ich mitsausen,
Daß ich mitbrausen
Muß!

*Gerrit Engelke,* 1890–1918

## Technologie und Euphorie

Am 25. Juni 2007 legte Gregory F. Packer den Grundstein für sein ganz persönliches Stückchen Ruhm. Dass es heute einen Wikipedia-Artikel über ihn gibt und Google mehr als 100.000 Webseiten findet, die über ihn berichten oder ihn zumindest erwähnen; dass es dazu Hunderte, vielleicht Tausende von Presse- und TV-Berichten über ihn gab und massenweise Fotos, verdankt er vor allem einer Tatsache: An eben jenem 25. Juni 2007 um 5 Uhr am Morgen war er der Allererste, der seine Survival-Ausrüstung auf dem harten Pflaster von New Yorks Fifth Avenue zurechtlegte und dort sein Lager aufschlug. In den folgenden Stunden und Tagen legten sich mehrere Hundert Menschen neben ihn, aufgereiht in einer langen Schlange, über welche die Medien weltweit berichteten. Und ganz vorne eben lag Greg Packer.

110 Stunden später, am 29. Juni 2007, wurde aus diesem Star der Warteschlange so etwas wie der Roald Amundsen, der Neil Armstrong, der Christoph Columbus unter den Handy-Käufern: Greg Packer war der erste Mensch, der in den Laden gelassen wurde und damit auch der erste zahlungswillige Pionier, der an diesem vermeintlich historischen Tag das erste zum Verkauf freigegebene iPhone in den Händen hielt.

»Meins! Meins! Meins!«

In den TV-Nachrichten rund um den Globus konnte man bestaunen, wie diese glücklichen Kunden sangen und lachten. Wie sie, wieder draußen auf der Straße angekommen, gefeiert und umjubelt wurden wie Pioniere, die einen neuen Kontinent entdeckt, als Erste den Mond oder den Südpol betreten oder die Universal-Kur für sämtliche Krankheiten dieser Erde erfunden hatten. Triumphierend reckten sie die glänzenden Kartons mit ihrem angeblich so kostbaren Inhalt in die Höhe, im Gesicht ein seliges Grinsen. Die Welt bestaunte diesen Triumphzug der euphorischen Sitzfleisch-Profis, diese Orgie des Kommerzes, die zur besten, weil letztlich unbezahlten Werbung wurde, die den Run auf Apples Handy weiter anheizte. Was augenscheinlich alle wollen, muss einfach gut sein – besonders wenn es sich um eine Ware handelt, die nicht jedem zur Verfügung steht – aus Preis- oder Logistikgründen. Binnen zwei Tagen war die neue Ware vielerorts ausverkauft und Apple endgültig auf dem Weg, zum profitabelsten Unternehmen der Welt zu werden.

Was war der Grund für eine solche rational kaum nachvollziehbare Begeisterung? Der beinahe semi-religiös verehrte Steve Jobs hatte seinen Apple-Fans gerade ein kleines Vermögen aus der Tasche gelockt, ihnen dafür aber auch etwas ganz Besonderes gegeben: ein Telefon!

Sie feierten das Gerät, als hätte es so etwas vorher nicht gegeben.

Greg Packers Konterfei ging um die Welt. Ob man es nun versteht oder nicht: Die Warteschlangen-Geschichte war Schlagzeilen-Material. Besser wohl, dass das Geruchsfernsehen noch immer auf sich warten lässt. Die ersten paar Hundert Kunden, die in Apples Hochglanz-Edelshops einfielen, um sich das erste Telefon der damals noch als Computerkonzern bekannten Firma zu kaufen, müssen gerochen haben, wie man nach fünf Tagen auf der Straße eben riecht.

Es gibt viele Menschen, die so etwas lustig finden. Die Mehrheit von uns kann das alles jedoch absolut nicht nachvollziehen. Warum sollte man sich in einem New Yorker Frühsommer, der die Menschen abwechselnd mit sengender Hitze, nächtlichem Platzregen und heftigen Gewittern malträtierte, fünf Tage lang vor ein Geschäft legen, um dort ein Telefon zu kaufen? Wieso verfolgten viele diesen Irrwitz über Blogs und Websites, die von eben jenen Schlangesitzern mit »Nachrichten« befüllt wurden? Wieso finanzierten manche von ihnen die Helden der Asphalt-Besetzung sogar mit einer Spende?

Auch der 1963 geborene Straßenbauarbeiter Greg Packer sammelte Geld von seinen Fans, wurde in der Schlange von ihnen besucht und mit Nahrungsmitteln versorgt. Packer gilt als Profi unter den Warteschlangen-Sitzern: »Geschichte« schrieb er schon zuvor als der Mann, der als Erster am freigegebenen Ground-Zero-Zaun stand, als Erster das Kondolenzbuch für Prinzessin Diana in New York unterschrieb, als Erster einfacher US-Bürger George W. Bush zur Wahl gratulierte. Auf der Liste der Menschen, an deren Seite er es kurzfristig ins Licht der Öffentlichkeit schaffte, stehen neben zahlreichen Promis allein drei US-Präsidenten – was klar macht, wo Packers Motivation liegt: Bemerkt werden möchte er, das sorgt bei ihm offenbar für ein euphorisches Erfolgserlebnis. Seine größten Triumphe aber feierte er in den Warteschlangen der Technik-Fanatiker. Seit er das erkannt hat, ist er bei jeder wirklich »wichtigen« dabei. Technologie gehört seit rund zwei Jahrzehnten zu den Themen, für die sich die Menschen in der westlichen Hemisphäre mehr begeistern können als für irgendetwas anderes: Wenn es etwas Neues gibt in der Welt der Technik, dann schaut die Welt hin. Technik ist stofflich gewordene Popkultur.

Wenn Sie das alles für Gaga halten, sind Sie nicht allein, ich sehe das ähnlich. Wenn Sie aber wegen Packers Geschichte glauben, die Welt sei völlig verrückt geworden in ihrer Technik-Euphorie, würde ich widersprechen wollen: So bescheuert ist sie – respektive wir – schon sehr, sehr lange.

Seit rund 250 Jahren leben wir in einer Welt, deren herausragendes Wesensmerkmal es ist, dass sie sich ständig und rapide verändert. Das war davor auch nicht anders, lief aber bis zur zweiten Hälfte des 18. Jahrhunderts deutlich langsamer ab. So lange, bis die Verbesserung der Dampfmaschine durch James Watt für eine technologisch-ökonomische und die amerikanische Unabhängigkeitserklärung und das Ende der Monarchie in Frankreich für eine politische Revolution sorgten, deren Auswirkungen auf die ganze Welt ausstrahlten.

Ende des 18. Jahrhunderts begann die Zeit zu rennen, wie man auch heute noch sagt. 1806 fasste der deutsche Dichter Gottlieb Konrad Pfeffel das Lebensgefühl, das die Welt damals zunehmend prägte, in wenige Zeilen, die er Das neue Jahrhundert nannte:

*Ich sah auf einem Feld, das um und um*
*Frisch umgepflüget war, das neue Säkulum.*
*An seinem Gürtel hing ein Rosenkranz von Kronen,*
*Indes aus seiner vollen Hand*
*Ein schwarzer Samen fiel.*
*– Was säst du auf dies Land? –*
*Freund, sprach es, Revolutionen.*

Daraus spricht kein Unbehagen, sondern Hoffnung: Obwohl Pfeffel in den Wirren der französischen Revolution das Gros seines Vermögens verloren hatte, war er Republikaner und glaubte an die Ideale der Aufklärung. Menschen wie er prägten den Begriff »Fortschritt« – den sie als Gegensatz zu Stillstand sahen und mit höchst positiven Gefühlen verbanden: Viele der Veränderungen, die die Menschen von da ab in ihrer Lebensspanne mitbekamen, wurden mit Begeisterung aufgenommen. Jede Generation glaubte seitdem, dass keine andere zuvor mehr Veränderungen miterlebt hätte als sie selbst.

Von den tiefgreifendsten Umwälzungen waren dabei die Generationen betroffen, die die Zeit zwischen 1850 und 1950 bewusst erlebten – und nicht etwa wir.

Mein Großvater, Jahrgang 1906, erlebte das Aufkommen und die Verbreitung von elektrischer und sanitärer Versorgung, Telefon, Auto, Radio, Fernsehen, Farbfilm, Flugzeug, Kühlung, Staubsauger und andere Haushaltselektrik, Antibiotika, moderne

Gerätemedizin, Computer – und mehr. Er wuchs in einer bäuer-
lich-ländlich geprägten Welt auf, in der Zugtiere noch zum Alltag gehörten, und er sollte den großen Übergang erleben: In seiner
Kindheit sah mein Großvater auf den Straßen Berlins noch Kutschen fahren neben Benzin- und Dampfautos. Gleichzeitig zuckelten elektrische Bahnen durch die Straßen, und auch die teils als
Hochbahn, teils als unterirdisch ausgeführte U-Bahn war schon
längst im Regelbetrieb, während in Schlesiens Kohlenrevieren unter Tage immer noch Ponys im Einsatz waren, um die beladenen
Loren zu ziehen. Sein Leben erlosch Ende des 20. Jahrhunderts
in einer Welt, in der die Landkarte ihre letzten weißen Flecken
verloren, der Mensch die Tiefen des ozeanischen Marianengrabens
wie auch den Mond besucht hatte und sich das Internet gerade
anschickte, wieder einmal alles umzukrempeln.

Vor allem in der Pionierzeit von 1880 bis 1930, als die meisten der bis heute einflussreichsten Technologien erfunden wurden
oder zur Anwendungsreife kamen, muss das Tempo des Fortschritts atemberaubend gewesen sein. Auch in dem hier vorliegenden Buch spielt diese Epoche die Hauptrolle: Zu keiner Zeit
kochte die Technik-Euphorie höher. Zu keiner Zeit erfanden und
erdachten die Menschen gewagtere – oder auch unsinnigere, aber-
witzigere und gefährlichere – Dinge.

Technik-Begeisterung schreiben wir heute generell eher den jün-
geren Generationen zu. Kennen wir nicht, hatten wir nicht, wollen wir nicht – lautet so das Motto der Senioren-Generation?

Wenn frühere Generationen aus technikfeindlichen Skeptikern
bestanden hätten, wären wir nicht da, wo wir heute sind.

Die Wahrheit ist: Alles Neue, das verfügbar und erschwing-
lich war, das wurde mit Begeisterung aufgenommen. Neben all
den Geschichten über Kriegstage und Handwäsche, Bügeln mit
Kohleneisen, schlechte Heizung und dem dazugehörigen »Und

wir waren auch zufrieden!« scheint es nur leider keine einzige zu geben, die davon erzählt, wie irgendjemand freiwillig auf die technischen Lösungen für die Härten des Alltags verzichtet hat. Selbst die härtesten Grummler und Meckerer der »Bleib-mir-weg-mit-dem- neumodischen-Zeug!«-Fraktion waren allesamt zu ihrer Zeit Early Adopters. Sobald man sich eine Technologie leisten konnte, wurde sie auch gekauft. So schnell wie möglich – und zwar nicht nur Dinge, die man wirklich brauchte. Meine Großeltern hingen sich in den 70ern einen Luftkompressor neben die Badewanne, der das Wasser schön zum Blubbern brachte. Stereoanlagen, Filmprojektoren und immer größere, bald bunte Fernseher waren für diese Generation das, was für uns heute iPods, Beamer und Flachbildfernseher sind: Innovationen, die sehr, sehr bald schon Teil des Alltagslebens werden.

In Wahrheit sind wir alle Technik-Freaks und waren das schon immer. Es gehört zu unseren Urerfahrungen, dass technologische Innovationen uns das Leben erleichtern – seit im Neolithikum irgendein Steinzeit-Edison Speerschleuder, Pfeil und Bogen und später den Pflug erfand.

Immer wieder hat es dabei Phasen gegeben, in denen diese Neuerungen ganz besonders schnell und mächtig unser Leben und unseren Alltag umgekrempelt haben. Wir haben selbst gerade eine solche Phase erlebt, mit der sogenannten »digitalen Revolution«, die Anfang der 80er begann und seit 1990 die Welt verwandelt hat. Von vielen wurde sie trotzdem noch nicht einmal wahrgenommen und erst viel später im Rückblick erkannt. Schließlich befinden wir uns lange schon in einer weitestgehend technisierten Welt, deren von technischen Innovationen angeschobene Veränderungen folglich eher qualitativer als grundsätzlicher Natur sind.

Für die Menschen, die am Anfang dieser Entwicklung standen, muss das völlig anders gewesen sein. In den 120 Jahren ab circa

1800 wurden die meisten der Dinge erfunden, die unser Leben heute prägen. Wie kamen diese wundersamen Erfindungen bei ihnen an, was konnte sie begeistern – und wie gingen sie damit um? Neben all dem Nützlichen, das damals entstand: Was dachten sich unsere Vorfahren sonst noch aus? Entstanden manche Techniken vielleicht nur deshalb, weil sie Spaß machten und Geld einbrachten? Welchen Blödsinn haben wir verdrängt, was davon scheiterte mit Kawumm?

Wenn es um Geschichte geht, neigen wir dazu, nur an die Erfindungen zu denken, die sich im Nachhinein als Meilensteine herausgestellt haben. Sieht man sich die Sache jedoch genauer an, so findet man heraus: Bei vielen Entdeckungen hatte man zunächst keinen blassen Schimmer davon, was man Sinnvolles damit anfangen sollte, jahrzehntelang teilweise nicht. Dass sie trotzdem nicht in Vergessenheit gerieten und bereitstanden, als man sich endlich sinnvolle Anwendungen dafür ausgedacht hatte, ist dem Phänomen Greg Packer nicht unähnlich: Schon 1660 gab es Nerds, die bereit waren, Innovationen mit atemberaubendem Enthusiasmus anzunehmen, aus Überzeugung, Lust am Experimentieren oder – wie bei Herrn Packer – aus Prestigegründen.

Für viele der Technologien, die heute zu den Grundpfeilern unserer technisierten Welt gehören, fiel den Menschen als Erstes eine Spaßanwendung ein. Insbesondere der Blick aufs 19. Jahrhundert, als die neuen technologischen Möglichkeiten regelrecht ins Kraut schossen, offenbart eine oft kindlich anmutende Experimentierfreude. Mit scheinbar grenzenlosem Optimismus umarmte man Möglichkeiten, von denen man einfach annahm, dass sie sich vorteilhaft entwickeln würden.

Alles wurde ausprobiert – in günstigen Fällen zum allgemeinen Vergnügen oder Nutzen, im ungünstigsten Fall mit tragischen bis tödlichen Folgen. Oft fragt man sich, wie Menschen vor wenigen Jahrzehnten noch so unfassbar naiv mit hochgefährlichen

Technologien umgehen konnten. Man vergisst dabei, wie wenig wir von diesen Gefahren wussten: Noch in den 50ern schickten die Amerikaner Soldaten ins Fallout atomarer Explosionen, um herauszufinden, ob ihnen das schadet. Wie soll man sich fürchten, wenn man nicht weiß, dass Gefahr droht?

Wir sind heute generell etwas weiser, auch wenn manche von uns freiwillig eine Woche lang vor einem Computerladen kampieren, um das neue Telefon als Allererster zu besitzen. Wir sind zögerlicher, vorsichtiger geworden. Und dennoch verhalten wir uns kaum anders als unsere Vorfahren vor 150 Jahren, die in ihrer Begeisterung für neue Technologien so ziemlich jeden Mist mitmachten. Jede Generation bringt ihre eigenen Marotten hervor, über die die folgenden dann lachen.

Auch was Risiken angeht, sind wir heute keinen Deut weniger kurzsichtig: Wer hätte vor 20 Jahren geahnt, wie tiefgreifend die Veränderungen sein würden, die etwa das Internet über die Welt gebracht hat – im Positiven wie im Negativen. Mitte der 1990er erschienen Hunderte von Artikeln, die den Advent des Internetzeitalters als eine Ära des allgegenwärtigen Wissenszugangs bejubelten. Obwohl damals, als der US-Intellektuelle John Perry Barlow mit seiner »Unabhängigkeitserklärung des Cyberspace« eine Zeit der staatenlosen, friedlichen Brüderlichkeit einzuläuten glaubte, längst schon die Art Nutzung begonnen hatte, die das Internet wirklich zum Massenphänomen machen sollte: Pornografie und vor allem die Verbreitung digital kopierter Musik.

Hat bereits irgendjemand analysiert, ob das Internet nun mehr Jobs kreiert oder gekostet hat? Ob es eher dafür eingesetzt wird, Freiheiten zu schaffen oder zu untergraben? Was auch wir nicht wissen können, ist, über welche unserer naiven Narreteien unsere Nachfahren eines Tages lachen werden – und bei welchen erst in der Rückschau erkennbar makabren Themen ihnen das Lachen im Hals stecken bleiben wird.

In dem vorliegenden Buch ist all das zu finden: Amüsant-nostalgische, inspirierende, aberwitzige Geschichten ebenso wie grausige Abenteuer, bei denen man am Verstand von Opfer wie Täter zweifelt. Behalten wir dabei im Auge, dass damals das eine vom anderen nicht zu unterscheiden war. Mancher Unsinn ist wirklich erst in Rückschau zu erkennen, und mancher vermeintliche Irrweg entpuppt sich erst nach hundert Jahren als erstklassige Idee.

Wobei Unsinn durchaus sehr aussagekräftig ist. Die Irrwege der technologischen Entwicklungen, die Ideen und Techniken, die es am Ende nicht schaffen, zu ihrer Zeit die Menschen aber amüsierten, begeisterten oder inspirierten, sagen oft mehr aus über die damalige Zeit als die Techniken, die uns bis heute ganz vertraut sind. Das eine sind verstofflichte Wünsche, das andere pragmatische Umsetzungen von Wünschen. Diese Wünsche und Träume sind oft die erste Motivation. Erst kommt das Vergnügen, dann der Nutzwert. So ist es kein Zufall, dass beispielsweise Joseph Mortimer Granvill den elektrischen Vibrator einige Jahre früher patentierte als Henry W. Seely das elektrische Bügeleisen. Wem macht Bügeln schon Spaß?

Rückblickend sind die Momente, in denen neue Technik zum ersten Mal in unser Leben tritt, oft ziemlich lustig. Von solchen Momenten handelt dieses Buch. Mit neuen Möglichkeiten ausgestattet verhalten sich die Menschen mitunter eben wenig rational – iPhone-Fan Greg Packer lässt grüßen.

Der Gedanke, der diesem Buch zugrundeliegt, ist also folgender: Über den Geist einer Zeit erfährt man mehr, wenn man auch die Greg Packers ins Auge fasst, als wenn man bei den blanken Fakten bleibt. Die sagen uns, dass das Mobiltelefon circa 1926 erfunden wurde, seit den 1950ern als Autotelefon zögerlich und als Handy in Deutschland ab Mitte der 1980er zunehmend angenommen wurde. Obwohl das alles richtig ist, erklärt es noch lange nicht, warum im Jahr 2007 Hunderte von Menschen auf einem

Bordstein kampierten, nur um der Erste zu sein, der sich ein neues Handy kauft, das zu den teuersten am Markt gehörte.

Eine Technikgeschichte der letzten 250 Jahre ist dieses Buch somit definitiv nicht, da brauchen Sie keine Angst zu haben. Riesige Lücken klaffen darin, und die sind durchaus gewollt. Viel eher erfahren Sie hier vielleicht ein paar Dinge, die Sie so noch nicht gehört und gesehen haben.

Greg Packer versuchte übrigens, seinen weltweit beachteten iPhone-Erfolg zu wiederholen. Beim iPhone2 schaffte er es allerdings leider nur auf den zweiten Platz der Erstkäufer. Die Veröffentlichung des iPad wurde schließlich zu einer Art Waterloo für ihn: Zwar schaffte Packer es erneut auf die Pole-Position im Hocken und Warten, scheiterte dann aber an der Verkaufstheke. Apple hatte Kauf-Reservierungen angenommen, und Packer hatte es versäumt, dabei mitzumachen. Sein Ansturm auf erneuten Ruhm endete kläglich mit einem freundlichen »Der Herr da ist vor Ihnen dran!«.

# 1 UNTER STROM

## Es funkt: Der Strom der Begeisterung

Die meisten von uns glauben, irgendwann habe es so etwas wie eine Zeitenwende gegeben, an der das finstere, vor-technische Zeitalter endete und unsere moderne, technisierte Welt zu existieren begann.

In dieser Vorstellung war die Erde früher landwirtschaftlich geprägt. Bauern waren bitterarm und oft sogar noch Leibeigene, arrogante Fürsten führten Krieg als Zeitvertreib und der Mensch konnte seinen Platz im Leben nicht selbst bestimmen. Der Adel amüsierte sich stinkend, aber glücklich und garantiert nutzlos in seinen Schlössern, der machtversessene Klerus kassierte nach Kräften, während die entrechteten Massen sich mühten, eben nicht nur sich selbst zu ernähren, sondern auch diese herrschenden Parasiten.

Der einzige offensichtliche Fortschritt fand lange Zeit nur beim Erfinden von Methoden statt, mit denen man Menschen ins Jenseits befördern konnte. Für Krieg führende Fürsten war das offensichtlich deutlich nützlicher als für die eigentlichen Betroffenen, die wohl gern ohne solchen Fortschritt gelebt hätten. Oder sollte man da »überlebt« sagen?

Wie aus dem Nichts kamen dann scheinbar die Dampfmaschine und die Manufaktur und die Fabrik und neue Möglichkeiten, sich das nötige Geld zum Leben zu verdienen. Die Leibeigenen flohen von den Äckern der Reichen, um ihr Glück mit dem schwarzen Gold und in der Stahlfabrik zu suchen. Sicher, auch das hatte seine Schattenseiten: Lohnsklaverei und unmenschliche Industrie-Arbeitsbedingungen ersetzten die Plackerei auf den Feldern der Besitzenden, Industrieanlagen zerstörten gewachsene Landschaften, die Städte wuchsen an zu stinkenden Ungetümen – oder schossen als slumartige Arbeiter-Wohnbehältnisse im nahen Umfeld der Fabriken erst aus dem bis dahin ländlichen Boden. Kein Zweifel: Weiterhin zahlten Millionen den Preis für die wachsenden Annehmlichkeiten der Wenigen. Es waren diese düsteren Nebeneffekte der industriellen Revolution, die in der neuen Zeit erst zu Aufbruchsstimmung und wahrhaft revolutionären, umstürzlerischen Ideen führte. Marx und Engels waren ihre vielleicht zwangsläufige Konsequenz.

## Technisierung = Befreiung?

Aber es war auch eine Zeit der Transition, in der die Machtverhältnisse nicht nur im Umsturz neu geordnet wurden, sondern sich langsam und Stück für Stück verschoben. Schon ab Mitte des 18. Jahrhunderts entstand und erstarkte eine neue, »bürgerliche« Schicht. Mehr Menschen kamen so in den Genuss der Vorzüge und Privilegien, die einst nur sehr wenige genossen hatten. Abhängigkeiten von Herrschern schrumpften, die Macht der Fürsten wurde zurechtgestutzt.

Abrupt kam dann die große Zeitenwende, scheinbar mit einem Mal gab es alles: Strom, beleuchtete Straßen und Häuser, Maschinen, Motorfahrzeuge, Telegrafen, Telefone, Waschmaschinen, Kühlschränke, Staubsauger, später dann Radio, Flugzeuge, Fernsehen, Computer und Internet. Erfindungen in endloser, ununterbrochener und rasend schneller Folge. Trabten in dem einen Jahrzehnt noch Pferde über Berlins Kudamm, fuhren dort im nächsten schon Elektroautos, Straßenbahnen und Benzinkutschen, und die Nacht wurde durch flächendeckende Straßenbeleuchtung zum Tag gemacht. Eine Explosion des Know-hows, als hätten freundliche Aliens Wissen vom Himmel regnen lassen.

Die meisten von uns erkennen in dieser Geschichte der letzten
250 Jahre problemlos eine kontinuierliche Entwicklung ab der sogenannten industriellen Revolution, die unsere Welt ja tatsächlich
technisierte. Eine echte Verbindung zu der Zeit davor erkennen
wir hingegen selten. Als ob die gelben Arbeitsschutzhelme direkt
auf die Zeit der gepuderten Perücken gefolgt seien; das Grammofon im bürgerlichen Wohnzimmer auf das Geigen-Quintett
im fürstlichen Salon. Oder der Autobus, der die Lohnsklaven zur
Arbeit fuhr auf die von Lakaien getragene Sänfte. So als hätte es
gerufen: »Schaaahatz! Es ist halb vier, setz mal die Perücke ab,
gleich fängt die industrielle Revolution an!«

Mag dieser Übergang auch schnell vonstatten gegangen sein, so
abrupt verlief das alles nicht. Unsere Vorstellungen sind stark
vereinfacht, und natürlich hatte auch die Technisierung eine Vorgeschichte.

Vieles, was wir heute für Attribute der Moderne halten, war in
Wahrheit lange Zeit vorher schon bekannt, wenn auch weniger
verbreitet oder zeitweilig in Vergessenheit geraten. So waren die
ersten echten Kunststoffe in Deutschland bereits gegen Anfang
des 16. Jahrhunderts entwickelt worden, um daraus Schmuck-
und Haushaltsgegenstände zu formen. Verbrieft ist etwa die Syn-
these eines transparenten Kunsthorns im Jahr 1530, das sich einiger Popularität erfreute. Die Anfänge des Betonbaus und der
auf Beton basierenden Groß-Architektur liegen sogar mehr als
2000 Jahre zurück. Viele der damals gebauten, teils gegossenen
Gebäude und Brücken stehen noch immer – überall dort, wo einst
die Römer siedelten.

Auch viele der Erfindungen, die ab Ende des 18. Jahrhunderts
begannen, die Welt zu verändern, hatten bereits einige Jahre,
wenn nicht Jahrhunderte auf dem Buckel. Man wusste nur nichts
Sinnvolles mit ihnen anzufangen.

## Erst kommt das Vergnügen, dann die Arbeit

Das Paradebeispiel dafür ist der elektrische Strom. Dass es eine mysteriöse, mit Licht und Hitze einhergehende Kraft mit potentiell tödlicher Gewalt gab, war den Menschen schon im Altertum klar: Blitze und andere Wetterphänomene wie Elmsfeuer einerseits, »geladene« Tiere wie Zitteraale andererseits waren schwer zu übersehen. Dass man Elektrizität auch selbst erzeugen kann, entdeckte bereits 600 vor Christus der Grieche Thales von Milet (der mit dem »Thales-Satz« aus dem Matheunterricht), und wie er das machte, verrät allein der Name, mit dem wir diese Energie bis heute bezeichnen: »Elektron« ist griechisch und bedeutet »Bernstein«.

Thales soll Bernsteine aufgeladen haben, indem er mit wuscheligen Materialien daran herumrieb. Im aufgeladenen Zustand zogen Bernsteine dann kleinere, leichtere Partikel an. Kein Wunder, dass man bis ins 19. Jahrhundert seine Schwierigkeiten hatte, Elektrizität und Magnetismus sauber voneinander zu trennen. Wie war das erst, als man entdeckte, dass man das eine mithilfe des anderen erzeugen kann! Lange Zeit sollte das dauern. Über 1700 Jahre blieb Elektrizität eine vielleicht interessante, aber völlig nutzlose Entdeckung.

Erst 1660 ging Otto von Guericke, hauptberuflich Bürgermeister von Magdeburg, mit einer bahnbrechenden Entdeckung wenn nicht in die Annalen der Wissenschaft, dann zumindest in die des Home-Entertainment ein: Mittels seiner »Elektrisiermaschine« war es nun möglich, diese interessante Energie auf einfache Weise zu erzeugen.

**ELEKTRISIERMASCHINE,**
Vorrichtung zur Erzeugung größerer Elektrizitätsmengen durch Reibung. Eine auf waagerechter, teilweise gläserner und von Glasstützen h, h getragener Achse i befestigte Glasscheibe A (Fig. 1) wird beim Drehen mittels einer Kurbel k in der Richtung des Pfeiles, zwischen zwei federnd gegen sie drückenden Lederkissen c, c durchgezogen und dadurch an denselben gerieben. Die Reibkissen sind auf der Glassäule f angebracht und, um die Elektrizitätserregung zu erhöhen, durch kienmayersches Amalgam (...) metallisch gemacht. Beim Reiben wird die Glasscheibe positiv, das Reibzeug negativ elektrisch; die negative Elektrizität des Reibzeugs wird durch eine Kette oder einen Draht von Metall m in die Erde geleitet und dadurch verhindert, sich mit der positiven der Glasscheibe wieder zu vereinigen.

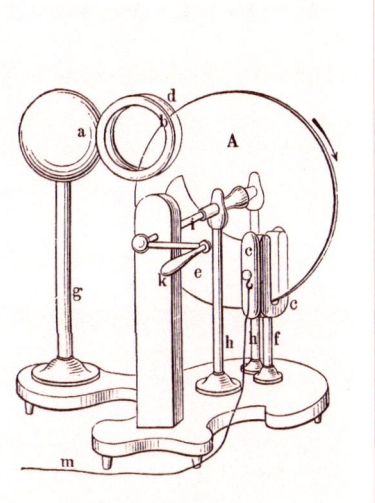

*Meyers Großes Konversationslexikon,* 1905 (gekürzter Auszug)

## Strom macht Spaß

Für rund 100 Jahre blieb Guerickes Maschine ohne große Relevanz. Physiker experimentierten mit ihr herum, um dem Wesen des »Stroms« näher zu kommen, doch sie machten dabei kaum Fortschritte. Es gab nur eine Sache, für die sich die mit der Elektrisiermaschine erzeugte Energie einsetzen ließ.

*Meyers Großes Konversationslexikon* von 1905 beschreibt sie nüchtern und sachlich: »Die Haare sträuben sich infolge der gegenseitigen Abstoßung empor und fallen zusammen, sobald aus dem Konduktor oder dem menschlichen Körper selbst ein Funke gezogen wird. Papierschnitzel u. dergl. werden von den Händen angezogen wie von einer geriebenen Siegellackstange etc. Man kann in diesem Zustand eine Gasflamme oder Äther, den eine andre nicht isolierte Person in einem Löffel entgegenhält, durch einen aus der Fingerspitze springenden Funken entzünden.«

Einfacher gesagt: Mit der Elektrisiermaschine konnte man junge Mädchen aufladen und zwar so, dass ihnen nicht nur die Haare zu Berge standen, sondern sie mit ihren Fingern oder hingehauchten Küsschen kleine elektrische Schocks verteilen konnten.

Elektrischer Kuss: Da funkt es nicht nur bei den jungen Leuten

Man stelle sich vor: Gut 200 Jahre lang standen in zahlreichen betuchten Haushalten eben jene Elektrisiermaschinen, die genau diesen und keinen anderen Zweck erfüllten – »elektrischer Kuss« wurde das genannt.

So wie heutzutage lockere Abende mit der Wii-Konsole, mit Karaoke-Spielchen oder anderem elektronischen Entertainment aufgeheitert werden, ergötzte man sich damals eben an kleinen elektrischen Experimenten, bei denen es letztlich immer darum ging, dass es zwischen den Spielenden funkte. Möglich, dass wir das deshalb bis heute so nennen, wenn zwei frisch Aufeinandertreffende ein spontanes, eindeutiges Interesse aneinander zeigen: Es »funkt« zwischen den beiden.

Im neckischen Extrem wurde aus dem einfachen Elektrisier-Aufbau ein physikalisch-soziales Experiment. Beim »elektrischen Knaben« lud man beispielsweise einen Jüngling auf, den man mit Seidengarnen an der Decke befestigt hatte. Er vermochte sodann allerlei Wundersames zu bewirken: mit seinen »magnetisierten« Händen leichte Materialien anziehen, Funken sprühen lassen oder seine Energie gar weitergeben.

Wunder und Wissenschaft lagen da noch allzu nah beieinander. Auf einem wunderschönen Kupferstich aus dem Jahr 1750 sieht man, wie sich Adelige am französischen Königshof von Versailles an einem elektrischen Knaben delektieren. Der blättert wie von Geisterhand, ohne das Papier auch nur zu berühren, in einem Buch, während ihm zugleich ein anderer die Haare zu Berge stehen lässt, indem er einen offenbar statisch geladenen Metallstab an den Kopf des Jünglings heranführt. Die junge Dame, die dabei neckisch dessen geladene Nasenspitze berührt, tut das wohl, um einen kleinen knallenden Funken zu ziehen.

Man beginnt zu begreifen, dass diese frühen Formen der Unterhaltungselektronik trotz ihres unvermeidlich wiederholenden Charakters auch nicht schlechter waren als das, was uns das Fernsehen heute bietet – eher im Gegenteil.

Neckische Spielchen im Salon: Der elektrische Knabe stand im Mittelpunkt zahlreicher Experimente

Denn solche Experimente waren ja zudem interaktiv, sie ließen sich beliebig erweitern, indem man zum Beispiel mehrere Personen einband, um Strom zu übertragen und – so alles gut ging – vielleicht am Ende gar ein Glöckchen zum Läuten zu bringen!

Oder der elektrische Knabe gab seine Ladung an eine auf einem isolierenden Bottich (oder einem auf Kautschuk oder Flaschen stehenden Brett) stehende Maid weiter, auf dass die all jene elektrischen Fähigkeiten weitergeleitet bekäme. Der Phantasie waren bei den Versuchsaufbauten keine Grenzen gesetzt: Elektrizität war ein harmloses Gesellschaftsspiel, mit dem man zwar uneingeweihte Jungfern oder Jünglinge kurz erschrecken konnte, das aber in keiner Weise schädlich zu sein schien – viel zu klein waren die Spannungen, die man mit diesen frühen handgekurbelten Reibungs-Elektrisiermaschinen erzeugte.

Allein Experimente, bei denen es auch knallte, zischte und flammte, überließ man doch eher dem mutigen, erfahrenen Manne – und führte sie nicht unbedingt im behaglichen Zuhause durch, sondern im »physikalischen Salon«, einer Art Spielzimmer für

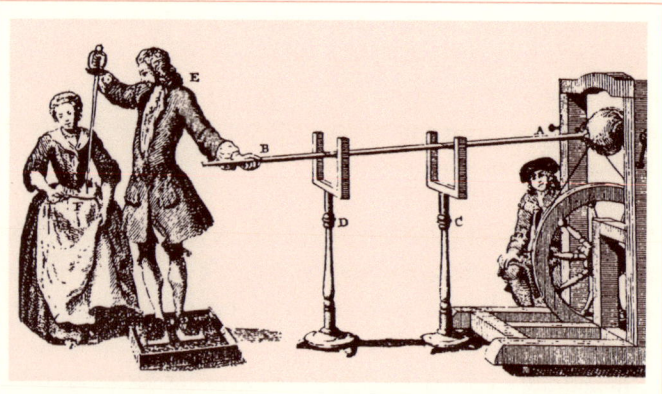

Beliebter Knalleffekt: Aufbau eines typischen Äther-Experimentes, bei dem die Flüssigkeit per Degen gezündet wird

adelige oder betuchte bürgerliche Erwachsene. Die dramatischen Effekte ließen sich steigern, indem man die per elektrischem Funken ausgelöste Explosion nicht etwa mit einem profanen physikalischen Werkzeug bewerkstelligte, sondern mit einem Degen, wie ein Kupferstich aus dem Jahre 1737 zeigt.

Streng genommen liegt die Erfindung der Unterhaltungselektronik damit also vor der Erfindung wirklich nützlicher elektrischer Apparate – erst kam das Vergnügen, dann die Arbeit.

Auf alle Fälle aber hatte auch diese vermeintlich nutzlose Beschäftigung mit der neuen Technologie den folgenden Nebeneffekt: Als endlich nutzbringende Anwendungen erdacht wurden, standen die Geräte dafür schon bereit.

## Die neue Kraft: Auf der Spur des Lebens?

Dass Elektrizität zu mehr taugte als zum elektrischen Kuss in lockerer Runde, wurde 1780 klar. 35 Jahre zuvor war mit der Leydener Flasche ein erster Kondensator, der über einen kurzen Zeitraum hinweg Strom speichern konnte, erfunden worden. Als der italienische Arzt Luigi Galvani den später »Galvanismus« genannten Effekt entdeckte, standen somit bereits verschiedene Stromquellen bereit, um vertiefende Experimente durchzuführen.

Zunächst aber erkannte Galvani gar nicht, womit er es wirklich zu tun hatte. Am 6. November 1780 brachte er mittels zweier Kontakte aus unterschiedlichen Metallen ein abgetrenntes Froschbein zum Zucken. Galvani glaubte darum, dass die dem Zucken zugrundeliegende Energie nichts anderes sei als die dem Tier selbst innewohnende Elektrizität – eine Stromquelle hatte er schließlich nicht angeschlossen.

Wir verstehen heute, dass es die Versuchsanordnung selbst ist, die diesen galvanischen Effekt erzeugt: Galvani hatte quasi eine aus Froschteilen und verschiedenen Metallen bestehende primitive Batterie gebaut: Er hatte Kupfer und Eisen miteinander verdrahtet und als Elektrolyt die salzhaltigen Wasserbestandteile der Froschschenkel-Zellen dazwischengesetzt – ein zwar bizarrer Aufbau, prinzipiell aber nicht viel anders als unsere heutigen Batterien. Weil diese dem gleichen Funktionsprinzip folgen, nennt man sie »galvanisch«.

Zunächst aber wurde dieser Begriff mit ganz anderen Dingen verbunden: Als Galvanismus bezeichnete man von da ab die angeblich von »tierischer Elektrizität« erzeugten Zuckungen, kurze Zeit später generell die durch Elektrizität verursachten »Lebensäußerungen« toten Muskelgewebes.

Schon sehr bald muss Galvani klargeworden sein, dass er mit einer Elektrisiermaschine noch deutlichere Effekte erzielen konnte. So brachte er nicht nur abgetrennte Froschbeine zum Zucken (zum Leidwesen vieler Frösche über Jahrzehnte das Standard-Messinstrument zum Anzeigen elektrischer Energie), sondern danach so ziemlich alles, was irgendwie zuckfähig erschien. Galvanis Experimente brachten außerdem umgehend eine weltweite Diskussion in Gang. Hatte man hier mit der mysteriösen elektrischen Energie die seit dem Altertum gesuchte Lebensenergie gefunden, die das unbeseelte Material mit Leben erfüllt? Und ist das, was vermeintlich tot scheint, auch wirklich tot, wenn man ihm mit Elektrizität doch wieder Lebensäußerungen entlocken kann? Bereits in den 150 Jahren davor hatten sich auch Naturwissenschaftler immer häufiger mit Elektrizität beschäftigt. Jetzt aber rückte die geheimnisvolle Energie in den Mittelpunkt des wissenschaftlichen wie öffentlichen Interesses.

In den drei Jahrzehnten, die auf Galvanis Froschschenkel folgten, ließ man es nach Kräften zucken: Experimentelle wie öffentliche, wenn auch nur scheinbare, auf einzelne Körperteile beschränkte Leichen-Wiederbelebungen wurden zum Massenphänomen. So mancher Forscher hoffte, dem Geheimnis der Lebensenergie mit Stromstößen und Lidzuckungen im Leichenschauhaus näherkommen zu können. Nicht wenigen ging es dabei um weit mehr als nur die Erforschung physikalischer Mechanismen. Sie versuchten tatsächlich, Leichen wiederzuerwecken.

Cartoon »Eine galvanisierte Leiche« (1836): Mischung aus Faszination und Horror

Forscher und Ärzte, wie der vom Galvanismus besessene Schotte James Lind, wurden zum Prototypen für den von Ehrgeiz und Größenwahn zerfressenen Arzt Viktor Frankenstein, den die Schriftstellerin Mary Shelley 1818 erfand. Ihr Gatte Percy Shelley ging einst bei James Lind in die Lehre, und ihr bis heute weltberühmter Roman ist der wohl bekannteste literarische Niederschlag jener Zeit der Galvanismus-Experimente.

## Isolierte Babys wachsen schneller

Wer das Wachstum seines Babys beschleunigen will, sollte die Kinderwiege von der Elektrizität von Boden, Wänden und Erde isolieren. Um das Wachstum des Kindes zu bremsen, kann man die Wiege mit flexiblen Metallbänden erden. Das ist das außergewöhnliche Fazit, das M. Vles aus Strasbourg, Frankreich, zieht, der solche Experimente mit zwei Gruppen von jeweils drei Babys durchführte. Das isolierte Trio wuchs schneller als das geerdete Trio, was darauf hindeuten könnte, dass die Elektrifizierung von Boden und Luft einen echten Einfluss auf das menschliche Wachstum hat.

(*Modern Mechanics,* April 1933)

Shelley lässt ihren Arzt im dritten Kapitel von *Frankenstein oder der neue Prometheus* davon berichten, wie er mit Erkenntnissen über Elektrizität konfrontiert wurde, die ihn von seinen herkömmlichen Studien abbrachten und einen neuen Weg einschlagen ließen. Wie genau Viktor Frankenstein seine Kreatur dann zum Leben erweckt, lässt Shelley geschickt im Verborgenen. Doch egal wie diffus ihre Beschreibung, allein die erste Lebenssekunde der wiederbelebten, aus Toten montierten Kreatur lässt wenig Zweifel daran, welche Kräfte hier am Werk sind. Viktor Frankenstein selbst schildert die Szene im Buch so:

*Es war in einer trostlosen Novembernacht, als ich den Lohn meiner Mühen erlebte. Mit einer Erregung, die an Qualen grenzte, arrangierte ich die Instrumente des Lebens um mich herum, auf dass ich einen Funken Leben in dieses leblose Ding bringen würde, das dort zu meinen Füßen lag. Es war schon ein Uhr morgens. Der Regen trommelte bedrückend gegen die Fensterscheiben und meine Kerze war schon fast herab gebrannt, als ich beim Scheine des halb verloschenen Lichtes das trübe Auge der Kreatur sich öffnen sah. Sie atmete tief ein und ihre Glieder zuckten in Krämpfen.*

Zu diesem Zeitpunkt wissen wir Leser bereits, dass die Sache nicht ganz so gut ausgehen wird, wie es sich Viktor Frankenstein erhofft. Die Kreatur – im Buch übrigens kein deformiertes, schrecken-erregendes Wesen, sondern ein attraktiver Mann – entpuppt sich als Monster, weil die Umstände ihrer Schöpfung sie in den Augen der Menschen dazu machen: Sie stellt einen Bruch mit der Natur dar, der sich offenbar rächen muss. Es sind die Menschen in ihrer Angst, die das im weiteren Verlauf erledigen.

Shelley lässt uns erkennen, dass eine Technologie, die mit Hoffnung beginnt, im Horror enden mag, wenn sie unverantwortlich eingesetzt wird. Das Monster ist eine gut gemeinte, zunächst auch gute Schöpfung, die jedoch von Ungeist beseelt ist, weil sie im falschen Geist geschaffen wurde. Am Ende des Buchs fragt man sich (anders als in den späteren Filmen), wer eigentlich das Monster war und wer das Opfer.

## Das neue Bild vom Wissenschaftler …

Die Taten eines Wissenschaftlers so ambivalent zu betrachten und zu bewerten, das war neu. Bis zum Ende des 18. Jahrhunderts erklärten uns Wissenschaftler die Welt und galten meist als Ehrfurcht gebietende Geistesgrößen.

Natürlich hatte es Phasen gegeben, in denen wissenschaftliche Erkenntnis Ideologien und Gedankenkonstrukte zum Einsturz brachten. Die Astronomen hatten die Erde und den Menschen aus dem

Mittelpunkt des Universums gerückt, seine Position und Wichtigkeit relativiert. Die Geografen hatten die Größe der Welt erschlossen und die Vielfalt der Kulturen – und damit nebenbei auch alte europäische Überlegenheits-Ideologien erschüttert. Die Zoologen, Geologen und Naturkundler hatten gerade damit begonnen, die letzten Reste biblischer Schöpfungsgewissheit zu demontieren und dem Menschen die vermeintlich gottgegebene Krone zu nehmen.

Doch sie alle hatten nicht die Welt selbst verändert: Sie griffen nicht ein in die Erde und die Schöpfung, sie entzauberten sie nur. Die Krisen, die sie verursachten, waren Krisen des Glaubens, der intellektuellen Schulen, der Lehrmeinungen und Weltbilder. Was kümmerte dieses Geschwätz schon Menschen, die für ihren Lebensunterhalt hart arbeiten mussten? Es mag ihnen meist am Allerwertesten vorbeigegangen sein.

## … und die neue Macht der Ingenieure

Nein, die Welt bis in das letzte Bauernhaus hinein zu verändern war denjenigen Wissenschaftlern vorbehalten, deren Erkenntnis direkt auf Anwendung zielte. Ende des 18. Jahrhunderts bildete sich so der Ingenieursstand aus: Theoretische Forschung und angewandte Entwicklung begannen deutlicher als früher eigene Wege zu gehen. Der Schrauber aber, der aus Wissen etwas Neues produzierte, erlebte eine ungeheure Aufwertung. Seine Chancen, neben gesellschaftlicher Anerkennung auch Reichtum zu ernten, sind seitdem enorm gewachsen. Das Denken hingegen ist seither eine prestigeträchtige, aber meist brotlose Kunst. Die Ära der von Know-how getriebenen Macher, für die Innovation Kapital bedeutete, hatte begonnen. Und sie währt bis heute: Ein Wissenschaftler, der richtig Geld verdienen will, geht auch im 21. Jahrhundert »in die Industrie«.

Die Menschen müssen das schon damals intuitiv verstanden haben: Eine neue Theorie hatte in der Wissenschaft zwar große Relevanz, beeinflusste das eigene Leben jedoch nur langsam oder gar nicht. Eine Erfindung hingegen, die physisch greifbare Ergebnisse brachte, hatte das Potenzial, den Alltag zu verändern – und das möglicherweise umgehend. Diejenigen, die in den längst von Dampfkraft getriebenen Manufakturen schufteten, wussten das aus eigener Erfahrung: Was die neuen Denker entwickeln, kann dein Leben auf der Stelle komplett verändern! Und zwar nicht unbedingt zum Vorteil für jedermann.

Man darf also davon ausgehen, dass viele Menschen die damals für möglich gehaltenen Konsequenzen der galvanischen Experimente durchaus zu Ende dachten. Vorbei die Zeit, in der Wissenschaft um der bloßen Erkenntnis willen mit den Dingen spielen konnte. In dieser Zeit des Umbruchs hatten ihre Versuche eine völlig andere Brisanz. Aufregend war das – aber eben auch beängstigend.

Folglich veränderte sich das Bild des Forschers. Wissenschaft traf nun verstärkt auf moralische Bedenken und Furcht vor ihren Konsequenzen. Dennoch, die in Frankenstein geschilderte Konstellation, die Botschaft des Buchs, wenn man so will, prägt uns noch heute: Egal, wie groß die Ängste und Bedenken sind, das Machbare wird letzten Endes doch immer gemacht – selbst wenn wir wissen oder ahnen, dass man besser die Finger davon lassen sollte. Allzu groß sind die Verlockungen der neuen Möglichkeiten, um nicht in Euphorie zu verfallen!

Hatten Leute wie James Cook nicht stellvertretend für alle die Erde umfahren? Neue Kenntnisse, Wunder, exotische Köstlichkeiten und Reichtümer nach Europa gebracht? Hatte der Schotte James Watt mit seiner Verbesserung des zwar seit Jahrhunderten bekannten, seit rund 70 Jahren zunehmend genutzten, aber nur sehr begrenzt einsetzbaren Dampfmaschinen-Prinzips nicht gerade innerhalb weniger Jahre sämtliche Industrien von Grund auf revolutioniert? Deutete sich in der Amerikanischen Unabhängigkeit sowie in den Transmutationen des französischen Staates nicht an, dass es außerdem vorbei war mit der Jahrhunderte überdauernden Stabilität politischer Ordnungen? Galvani und Konsorten eröffneten nun ihrerseits neue Möglichkeiten, das Leben nicht nur besser zu verstehen, sondern vielleicht auch zu bereichern, ja gewissermaßen sogar auszudehnen!

Und dort, wo die Begeisterung für das Neue nicht ausreichte, die Entwicklung der Elektrizitäts-Forschung weiter voranzutreiben, tat die nun mit dem Thema verbundene morbide Faszination ihr Übriges.

## Populärwissenschaft

Dass die Leichen-Experimente mit elektrischem Strom viele Menschen durchaus abschreckten und gruselten, liegt in der Natur der Sache. Zuckende Leichen waren morbide genug, um so manch einem Albträume zu bescheren. Als dann 1792 in Frankreich die Guillotine als vermeintlich humanes Exekutionswerkzeug eingeführt wurde, manche ihrer Kritiker aber mit galvanischen Stromstößen nachweisen wollten, dass die Köpfe so tot gar nicht seien, war die Grenze zum Horror definitiv überschritten: Abgetrennte Köpfe, deren Gesichtsmuskeln wild zuckten, schlugen selbst hartgesottenen Adelshassern auf den Magen. Zumal es nicht alle Forscher für nötig hielten, ihre hehren Forschungsziele verständlich zu erklären – und selbst wenn sie es taten, wurde das Experiment oft genug trotzdem zum öffentlich zelebrierten Horror-Spektakel.

In besonderer Weise tat sich dabei der Italiener Giovanni Aldini hervor. Der ernsthafte Akademiker, ein Neffe Galvanis, hoch dekorierter Physiker und später Stadtrat von Bologna, hatte erfolgreiche

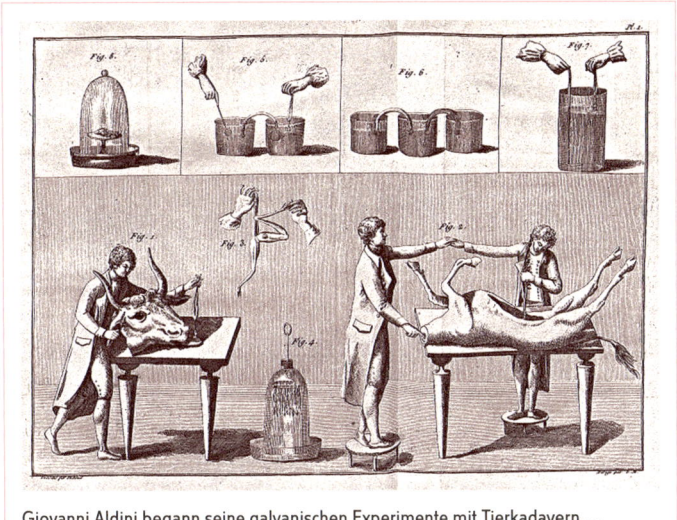

Giovanni Aldini begann seine galvanischen Experimente mit Tierkadavern, …

Experimente mit Tierkadavern und Verstorbenen durchgeführt und wusste darum, dass seine Chancen, den Einfluss der elektrischen Energie auf den toten menschlichen Körper zu erforschen, umso besser wurden, je frischer seine Studienobjekte waren. Auch er wandte sich deshalb der Forschungsarbeit im Schatten der Guillotine zu.

Aldinis Arbeit trug reiche Frucht in mehrfacher Hinsicht: Er verfasste Aufsätze und viel beachtete bebilderte Protokollbände, forschte und veröffentlichte in Italien, Frankreich und England. Zugleich wurden er und seine Experimente zeitweilig zu einer Attraktion am Rande der Richtplätze Bolognas, die für sich schon massenweise Publikum anzogen. Der Akademiker Aldini bot seinen sensationslüsternen Zuschauern eine Steigerung des Horrors.

An Exekutionstagen ließ sich Aldini sowohl die Köpfe als auch die Körper der Hingerichteten liefern. Er zog Geköpfte vor, weil er das Arbeiten mit Gehenkten als unangenehm empfand – sie

waren ihm zu »vollständig«. Er wollte die Reaktionen des Körpers auf elektrische Reize erforschen, nicht etwa die Möglichkeiten seiner Wiederbelebung. Einen Korpus, dem der Kopf fehlte,
nahm er selbst offenbar nicht als ganz so menschlich wahr wie den
Körper eines Gehenkten. Sein besonderes Interesse galt allerdings
nach wie vor den Köpfen der Getöteten.

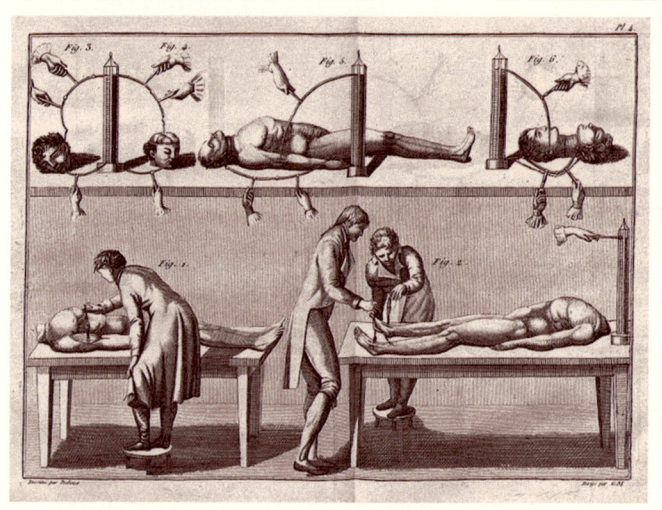

... ging aber bald schon zu Menschen über. Geköpfte fand er weniger makaber als
Gehenkte – es ging ihm um Forschung, nicht um Wiederbelebung

Aldini bekam die frisch abgehackten Schädel in der Regel noch
warm zugeliefert und ging sofort daran, verschiedene Elektroden
anzulegen. Anders als sein Onkel Galvani arbeitete er mit einer
externen Stromquelle: Die von ihm eingesetzte voltaische Säule
lieferte bis zu 100 Volt und brachte entsprechend heftige Resultate. Die an unterschiedlichen Punkten von Kopf und Gesicht ange-
setzten Elektroden hatten teils bizarre Grimassen zur Folge, wenn
die noch warme Muskulatur unter den Schocks krampfte.

Aldini ließ dabei nichts aus, öffnete die Schädel, setzte das Gehirn unter Strom und beobachtete die Resultate. Wie er in seinem Buch *Essai théorique et expérimental sur le galvanisme* von 1804 schildert, verdrahtete er einmal zwei Köpfe miteinander, so dass sich die Geköpften gegenseitig »Grimassen schnitten«. Hierbei sollen erstmals Menschen im Publikum in Ohnmacht gefallen sein – eine reife Leistung zu einer Zeit, als Hinrichtungen noch Volksfest-Charakter hatten. In einem anderen Fall soll ein Wisseschaftler, der in England einer Reihe von Aldini-Experimenten beiwohnte, dabei einen solchen Schock erlitten haben, dass er noch im Verlauf derselben Nacht starb.

Kein Wunder also, dass die galvanischen Experimente an Leichen zunehmend auch Abscheu erweckten, nachdem die erste Euphorie und Faszination sowie der sich anschließende wohlige Gruselfaktor öffentlicher Experimente nachzulassen begannen.

Dazu kam, dass Europas Forscher nun zwar schon jahrzehntelang Leichen und Leichenteile zucken ließen, damit aber nachweislich nichts erreicht hatten. Bereits 1803 erfolgte darum in Preußen ein erstes Verbot galvanischer Leichenexperimente. In besonderen Fällen wurde eine Ausnahme gemacht, doch voyeuristische Zurschaustellungen hatte man damit effektiv unterbunden.

## Lebenskraft als Medizin

Im Rest Europas sowie in Amerika ließ man es noch einige Jahre länger kräftig zucken. Dazu gesellten sich ab Anfang des 19. Jahrhunderts zunehmend auch Experimente am lebenden Objekt: Wenn man schon keine Leichen beleben konnte, vielleicht klappte das ja mit Kranken?

Die Verbindung, wenn nicht gar Gleichsetzung von Elektrizität und Lebenskraft hatte sich in den Köpfen der Menschen festgesetzt. Ohne jegliche empirische Erfahrung, ohne irgendwelche Beweise unterstellte man der Elektrizität heilende Wirkung.

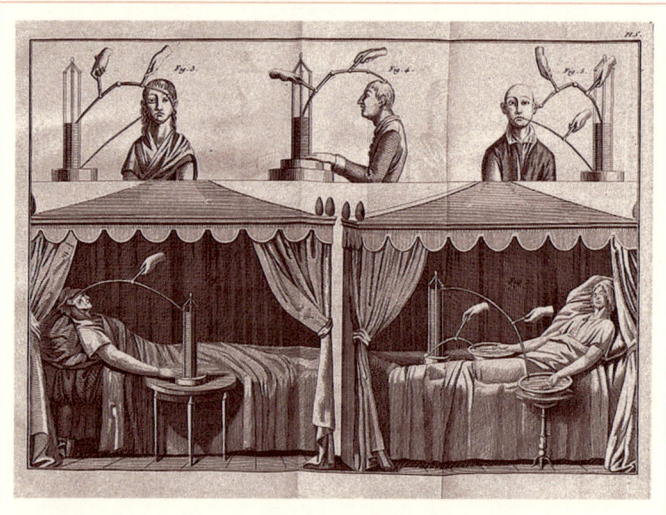

Stromeinsatz fand schnell auch den Weg in die Therapie von Kranken

Man schien lediglich herausfinden zu müssen, wie man sie richtig anwendet und wie man sie dosiert, damit sie dem Wohle des Menschen dient. So martialisch und grausam die anschließenden Experimente, die bald in den Anfängen der Elektrotherapie münden sollten, aus heutiger Sicht erscheinen, waren sie doch fest mit der Hoffnung verbunden, auf diesem Weg den Menschen zu helfen. Viele mögen zweifelhaft gewesen sein, mehr Spektakel als Forschung, aber viele waren auch von echtem, zutiefst humanem Forscherdrang getrieben.

Bereits 1799 hatte Allessandro Volta mit der nach ihm benannten voltaischen Säule, basierend auf den von Galvani zufällig entdeckten Prinzipien, den Prototyp der Batterie erfunden. Damit wurden Stromexperimente von nun an wesentlich einfacher: Energie aus der Konserve, die sich zudem auf chemischem Weg erzeugen ließ, machte mit einem Mal sogar mobile Apparate mit hinreichend Kraft möglich. Im Sinne des Wortes trug das die Elektrizität hinaus in die Welt.

## Sektenhafte Nebenwirkungen

Diese Welt war mehr als bereit, sich mit mysteriösen Kräften zu beschäftigen, die Heilung versprachen und vielleicht sogar Unsterblichkeit. Dem bürgerlichen Salon waren solche Themen seit langem vertraut: Seit den 1770er Jahren feierte vor allem der Arzt Franz Anton Mesmer (1734–1815) mit seinen Theorien vom sogenannten animalischen Magnetismus große Erfolge. Die Gedanken dahinter waren den erfolglosen Leichen-Weckversuchen per Strom durchaus verwandt.

Wie später Galvani so glaubte auch Mesmer an eine dem Leben innewohnende Kraft, die er allerdings für eine Art Magnetismus hielt. Elektrizität und Magnetismus hielt man für eng verwandt, mitunter gar für Ausdrücke derselben Energie. Als Mesmer damit begann, seine Patienten durch konzentriertes Magnet-Wedeln heilen zu wollen, erschien das den Zeitgenossen nicht weniger plausibel und erfolgversprechend als Galvanis Experimente mit toter Muskulatur. Zumal Mesmer Erklärungen zu bieten hatte, wo Galvani und Kollegen viel zu lange nach einer suchten: Der Magnetismus der Gestirne beeinflusse direkt das Wohlbefinden des Menschen, weil er Einfluss nehme auf das allen Lebewesen

## SCHLAPPEN ADE

»Ich seh Dich nach dem Essen im Holzschuppen«, mit diesem
Satz begann die kleine Meldung, die *Popular Mechanics* in der
Juliausgabe 1922 für seine Leser recherchiert hatte.

Damals war der Satz sofort verständlich, ein Gemeinplatz, mit
dem Generationen aufgewachsen waren. Der heutigen Jugend
muss man ihn natürlich erklären: Mit solchen Worten bestellten
Väter ihren Nachwuchs früher zwecks disziplinarischen Hintern-
Versohlens in einen dafür reservierten Raum. Dass Sohnemann
dort wie zu einer Verabredung selbst auflaufen musste, gehörte
als demütigendes und Angst schürendes Element zum pädagogi-
schen Konzept. Holzschuppen, Werkstätten und Abstellräume
galten als beliebte Lokalitäten für die Züchtigung oder zeitweise
Internierung der aufsässigen Heranwachsenden.

Besonders auch in Deutschland gediehen damals beliebte
Weisheiten der autoritären Erziehung wie: »Ein Schlag auf
den Hinterkopf erhöht das Denkvermögen« oder: »Schade um
jeden Schlag, der daneben geht«. Älteren Mitbürgern steigen
bei solchen Erinnerungen wohl noch heute Tränen der Rührung
darüber in die Augen, dass sie das alles  überstanden haben und
nie mehr erleben müssen.

Wie bei Hunden bevorzugten ehrbare Pädagogen dabei natürlich Schlagwerkzeuge wie Stöcke oder lange Lineale beziehungs-
weise für den Heimgebrauch Hausschuhe, um Verletzungen der
eigenen Hand zu vermeiden. Geschlagen wurde auf den nackten
Allerwertesten oder – in Wahrheit die schlimmere Variante –

auf die Hand- und Fingerinnenflächen sowie auf die Rückseite
der Oberschenkel.

Alles Vergangenheit, informierte *Popular Mechanics* seine fort-
schrittsfreudigen Leser, »seit der kürzlich stattgefundenen Elektrizitäts-Show im Madison Square Garden«. Endlich zog der Fort-schritt auch in die Pädagogik ein: Mit dem elektrischen »Spanker« – dem automatischen Hin-tern-Versohler. Künftig so *Popular Mechanics,* werde man sich unter der nächstliegenden

Birnenfassung treffen. Denn Steckdosen hatten sich zu dieser
Zeit noch nicht durchgesetzt, meist wurde der Strom für Elektrogeräte aus der Licht-Verkabelung bezogen. *Popular Mechanics*
schloss die Meldung gewohnt augenzwinkernd ab: »Vater wird
sich einen moderneren Spruch als das uralte ›Das wird mir mehr
wehtun als Dir!‹ ausdenken müssen – für den Fall, dass es einen
Kurzschluss gibt.«

innewohnende magnetische Fluidum. Welche Energien dort auch immer fließen mögen, Mesmer glaubte sie durch den Einsatz von Magneten in seinem Sinne und zum Wohle des Patienten beeinflussen zu können.

Während Fachleute Mesmer für einen Scharlatan hielten, sammelte dieser nicht nur Patienten, sondern regelrecht begeisterte Fans – was wiederum die Wirksamkeit seiner Wedeleien deutlich erhöht haben dürfte. In England, wo er kurzfristig tätig war, hinterließ er einen so tiefen Eindruck, dass sein Name sogar in die Sprache einging: »To mesmerize« ist ein noch heute gebräuchliches Verb und wird meist mit »verzaubern« übersetzt, was das »Mesmerisieren« nicht ganz trifft.

Man kann es vielmehr als das beschreiben, was die Schlange angeblich mit dem Kaninchen tut. Sie »hypnotisiert« es in eine Starre hinein, bis es stillsitzt und gebannt den Bewegungen des Reptils folgt. Die körperlich-geistige Verfassung eines solchen Kaninchens beschreibt der Brite als »mesmerisiert«.

Das trifft den Nagel auf den Kopf. Ähnlich kann man sich vor allem Mesmers öffentliche Therapie-Auftritte vorstellen: Mesmer posierte gern mit großer Geste, Magnete schwingend vor seinen zum absoluten Stillsitzen gemahnten Patienten. Konzentration gehörte dazu und Stille, wenn Mesmer versuchte, die magnetische Kraft in seinem Gegenüber anzusprechen. Ohne jeden Zweifel war er seiner Zeit voraus: 150 Jahre später geboren, hätten ihm seine dann in wallendes Tuch gewandeten Jünger wahrscheinlich ihr Vermögen überwiesen, bevor sie in sein Ashram gezogen wären. Mesmer selbst sah sich keineswegs auf diese Weise. Zeit seines Lebens beschwor der Arzt seine Ernsthaftigkeit und scheint an seine Theorien tatsächlich geglaubt zu haben.

## Der Urstoff der Esoterik

Das ist nicht einmal unwahrscheinlich. Seit Aristoteles (384 v. Chr.–322 v. Chr.) war der Glaube an ein stets anders definiertes Raum-Fluidum, den »Äther«, auch unter Wissenschaftlern weit verbreitet. Hielt man es in der Antike für den Grundstoff aller Elemente, stellte man es sich später als Medium für die Übertragung von Kräften durch den Raum vor – die »Suppe«, auf der alles vom Licht bis zur Gravitationskraft schwamm. Dieser Äther musste demnach allgegenwärtig sein, also alles miteinander verbinden. Immer wieder musste er deshalb als Quelle für neu entdeckte Kräfte herhalten – schließlich mussten die sich irgendwoher speisen.

Obwohl die Kritik an diesem Äther-Glauben früh einsetzte, erwies er sich als unausrottbar. In immer neuen Varianten trat (und tritt!) er auf, mit immer neuen Bezeichnungen. Als der Mesmerismus nach rund 50 Jahren endlich abebbte, nahm der deutsche Industrielle und Forscher Karl von Reichenbach den Ball wieder auf und postulierte die von ihm nach dem nordischen Göttervater Odin benannte Lebenskraft Od.

Auch er sah diese mysteriöse Kraft als dem Magnetismus eng verwandt, seine reichlich esoterische Lehre fand über 30 Jahre lang begeisterte Anhänger. 40 Jahre später sollte die Od-Kraft sogar noch einmal von einem spinnerten amerikanischen Arzt ausgegraben werden, der es damit zumindest für ein paar Monate zu einer gewissen Medienprominenz brachte. Schnell war dann aber klar, dass Od, der Äther oder wie auch immer man die imaginäre Weltenergie nennen mag, die wir Menschen angeblich anzapfen, als Erklärung für Röntgenstrahlung und Radioaktivität genauso wenig taugte wie als Erklärung für Magnetismus oder Elektrizität.

Dabei waren Mesmer und später Reichenbach durchaus deshalb erfolgreich, weil ihre Methoden etwas bewirkten. Der Placebo-Effekt, der heute noch den Zuckerpillchen, Bachblüten und anderen homöopathischen Präparaten zu einer 30-prozentigen Wirkchance verhilft, bescherte auch den Wunderheilern vergangener Jahrhunderte einige Erfolge. Trotzdem sollte die Kritik am erfolgreichen Heiler Mesmer rasch zunehmen – vor allem weil das Magnetwedeln bei wirklich schweren Erkrankungen tatsächlich nicht nur wenig, sondern gar nichts brachte. Eine erste amtliche, vom französischen König kurz vor der Revolution bestellte Untersuchungskommission kam noch zu einem höchst ambivalenten Ergebnis: Während sie – natürlich in höflicheren Worten – Mesmers Theorien über ein »magnetisches Fluidum« als völligen Humbug ablehnte und keinerlei wissenschaftliche Fundierung entdecken konnte, bescheinigte sie Mesmers Therapien dennoch eine Erfolgsquote – auch wenn der Erfolg »auf Einbildung« beruhe. Es sollte 50 Jahre und zwei weitere Kommissionen brauchen, das Wirken der Mesmeristen in Europa zu beenden.

Ganz verschwand der Mesmerismus allerdings nie. Abbé Faria, einer von Mesmers Jüngern, erkannte die Wirksamkeit der Methode als realen psychischen Effekt, der ihm eng verwandt schien mit einer orientalischen Technik, die man in Europa bis dahin nur vom Hörensagen kannte. Faria machte sich schlau und brachte diese orientalischen Praktiken nach Europa, wo sie bald einen wissenschaftlichen Namen verliehen bekamen: Hypnose. Wenn man so will, liegen hier die Wurzeln der frühesten Psychotherapien. Während Mesmer am Ende weniger Arzt als Popstar war, versuchte Faria, seine Hypnosetechnik weiterzuentwickeln, um sie therapeutisch zu nutzen. Ihren Weg auf die Bühne des Entertainments fand sie natürlich trotzdem, und wirkte – entsprechend inszeniert – gerade dort weiterhin höchst mystisch.

Frankenstein und Mesmer, Galvani und Faria erklären, warum gerade die Elektrik auf eine derartige Euphorie stieß, obwohl man doch noch keine echte Verwendung für sie hatte: Es war, als hätte man eine Energie, die mit dem Leben selbst korrespondierte, angezapft. Den meisten der frühen Tüftler und Anwender ging es nicht um die Maschinen oder die Technik, sondern darum, mit ihrer Hilfe das Leben zu verbessern wenn nicht gar zu verlängern. Die Geschichte der Elektrotechnik begann also mit jeder Menge Heilserwartungen. Wenn man an die Geschichte von Gregory F. Packer und seinem Warten auf das erste iPhone denkt, könnte man meinen, dass sich seitdem wenig geändert hat.

Anzeige aus der Kulturzeitschrift »Jugend«: Hypnose und Mesmerisierung hatten ganz offen sexuelle Nebenaspekte

# DIE GEFAHREN DES ELEKTRISCHEN LICHTS

## EIN GLÜCKLICHER GEDANKE

Das elektrische Licht, in dem Möbel, Tapeten, Bilder, Raumtrenner und so weiter so vorteilhaft erscheinen, bekommt dem weiblichen Teint nicht immer gut. Man wird leichte japanische Sonnenschirme als von unschätzbarem Wert zu schätzen lernen.

(*Punch,* 20. Juli 1889)

## Das Ende der Nacht

Stellen Sie sich einmal vor, die Lichter gingen aus. Und zwar alle, ausnahmslos: Straßenlaternen, Lichtreklame, Positionslichter an hohen Gebäuden, Gebäudebeleuchtung, Nachttischlampen – kurzum: es gäbe keine einzige Form elektrischer Beleuchtung. Mehr noch, es fehlte auch die Voraussetzung für jede Form von Stromversorgung.

Wie anders wäre die Welt! Nicht nur in punkto Aussehen, sondern auch was unsere Lebensweise anbelangt.

Wahrscheinlich würden wir im Sommer deutlich mehr und deutlich länger arbeiten als im Winter. In der dunklen Jahreszeit wäre der Tag schließlich erheblich verkürzt: Im Haus hätten wir noch Kerzen oder auf Brennstoffen basierende Laternen, welche nur ein warmes, aber flackerndes und ungewohnt schummriges Licht abgäben. Zum Lesen rückten wir ganz nah heran an die Lichtquelle, aber es wäre anstrengender, als wir das heute gewohnt sind.

Ziemlich zeitig würden wir den Ruf der Matratze vernehmen, denn unser Lebenstakt würde sich ohne Frage dem durch das Licht vorgegebenen Tagesstakt annähern. Ein soziales Nachtleben wäre kaum denkbar und eine so große Ausnahme wie die Nachtarbeit. Akkord-Produktion im Dreischichtbetrieb? Könnte man weitgehend vergessen.
Draußen auf den Straßen herrschte Dunkelheit, und in den raueren Ecken unserer Städte auch die Angst davor. Man kann sich vorstellen, wie leer die Straßen nachts wären, wenn sie im Dunkel lägen.

Was wir uns jedoch kaum vorstellen können, ist, was es für unsere Vorfahren bedeutet haben muss, als sich all das auf einen Schlag änderte. Die flächendeckende Einführung künstlicher Beleuchtung sowohl in Häusern als auch im öffentlichen Raum war weit mehr als nur eine technologische Innovation – es war eine Maßnahme, die die Lebensweise ganzer Gesellschaften komplett veränderte. Und mehr als das: Das künstliche Licht war ein Fortschritts-Fanal, das Symbol für eine neue Zeit.

Das gefiel durchaus nicht allen. An der tiefgreifenden, technologisch beförderten Veränderung der Welt rieben sich progressive wie konservative Kräfte. Die deutsche Schriftstellerin Kathinka Zitz-Halein (1801–1877), deren lyrisches Werk vor allem den Zeitgeist zur Mitte des 19. Jahrhunderts kommentierte, wertete den Konflikt zwischen Vorwärts und Rückwärts folgendermaßen:

*Vorwärts! rufen die Lichtbekenner,*
*Laßt uns Fackeln der Wahrheit sein.*
*Rückwärts! Heulen die Dunkelmänner,*
*Meidet jeglichen hellen Schein.*

*Vorwärts gehe stets unser Streben,*
*Tatendrang ist in uns erwacht.*
*Rückwärts sichert uns Gut und Leben,*
*Haltet fest an der alten Nacht.*

Da ist er wieder, dieser Anklang von Revolution, die die Technik zu bringen versprach. Und das viel wörtlicher, als wir das heute so dahinsagen. Das Licht anzuschalten war, als ob man das alte Leben ausschaltete.

Fast nichts hat unseren Planeten und das Leben so tief beeinflusst und verändert wie die Einführung des künstlichen Lichts. Das, was die meisten von uns Nacht und Dunkelheit nennen, gibt es in Wahrheit nur noch mit Abstrichen. Man muss schon sehr weit draußen auf dem Land wohnen, um überhaupt noch erleben zu können, was das wirklich bedeutet.

In Deutschland gibt es nur noch wenige Orte, wo das unter freiem Himmel möglich ist. Selbst wer 30, 40 Kilometer von der nächsten Metropole entfernt in den Himmel schaut, bekommt eine durch Lichtsmog abgemilderte Nacht geboten. Astronauten wissen das: Von oben gesehen sind die Ballungsgebiete der technisierten Welt gleißende Lichtermeere.

In Europa gehen die Ballungsräume unmittelbar ineinander über. Aus dem All gesehen bilden etwa Köln und das Ruhrgebiet mit den Beneluxländern einen einzigen großen Lichtfleck. Nur die dunkle Linie des Ärmelkanals verhindert dabei, dass auch der Großraum London nicht damit verschmilzt. Europa ist ein Lichtermeer.

Europa bei Nacht: Dunkelheit gibt es nicht mehr (Bild: NASA)

Das Deutsche Zentrum für Luft- und Raumfahrt (DLR) hat im November 2011 einen wunderschönen Film veröffentlicht, den man sich im Web ansehen kann (Link im Literaturverzeichnis): Gefilmt wurde er durch die Sichtluken der Internationalen Raumstation ISS und zeigt eine Reihe von Überflügen der nächtlichen Erdkugel im Zeitraffer. Beeindruckend sind die irrisierenden, in Neonfarben wabernden Nordlichter, das Feuerwerk der Blitze in Gewitterwolken – nicht zuletzt aber auch der Blick auf unsere Ballungsräume: Nordamerika und Europa sehen da im Sinn des Wortes aus, als würden sie brennen. Lichterloh und flächendeckend.

Spektakuläre Überflugbilder der Raumstation ISS: Der italienische Stiefel liegt Nachts wie ein hell glühender Wurm in der Adria. Die Regionen Rom und Mailand strahlen, als brenne das Land.

Selbst in den ärmsten Ecken der Welt kann man zumindest die Linien und Konturen der Küsten bei Nacht als Lichtstreifen ausmachen. Es hat nicht lange gedauert, bis wir die Nacht durch einen künstlichen Tag ersetzt haben.

Begonnen hat dieser Umbruch bereits in der Antike, als sich zumindest die größten Metropolen mit Fackeln und Öllampen gegen die Finsternis stemmten – vor allem in dem Versuch, der nächtlichen Kriminalität beizukommen. Systematisch beleuchtet wurden Stadtstraßen zuerst in Frankreich, wo Mitte des 17. Jahrhunderts ein geplantes Netz von Öl-, Petroleum- und bald auch vereinzelten Gaslampen in Betrieb genommen wurde.

Diese begannen allerdings erst am späten Ende des 18. Jahrhunderts Fuß zu fassen. Anfang des 19. Jahrhunderts verdrängten sie die Wal-Tranlampe als vorherrschende Beleuchtungstechnik – eine Tatsache, der wir vielleicht verdanken, dass es heute überhaupt noch Wale gibt. Kohlegas schien anschließend die Technik der Zukunft, welches erst im 20. Jahrhundert zunehmend durch Erdgas ersetzt wurde. Beleuchtung im öffentlichen Raum blieb tatsächlich bis Mitte des 20. Jahrhunderts vor allem Gasbeleuchtung.

Und das, obwohl Mitte des 19. Jahrhunderts bereits eine Alternative aufschien. 1844 berichtete das *Polytechnische Journal* unter der Überschrift »Ueber Anwendung der galvanischen Elektricität zur Beleuchtung« über die neue Technik:

*Das Licht, welches im luftleeren Raume beim Begegnen der beiden Elektricitäten entsteht, ist nach Versuchen von Deleuil (…) so stark wie jenes von 63 gewöhnlichen Gasbrennern, oder von 572 Stearinkerzen. (…) Nachdem der Strom hergestellt war, entstanden zwischen den beiden Kohlenspitzen elektrische Funken, welche eine solche Lichtintensität hatten, daß man in einer Entfernung von 300 Metern ohne Anstrengung lesen konnte. Das in der Nähe befindliche Gaslicht wurde durch diese Lichterscheinung ganz verdunkelt.*

Der Autor bezieht sich hier auf elektrische Entladungen hoher Spannung zwischen Kohleleitern – das dabei entstehende Blitzgewitter ist eher mit den Blitzlichtern von Fotoapparaten als mit dem Licht der heutigen Glühbirne zu vergleichen. Frühe experimentelle Leuchtelemente erreichten mitunter beeindruckende Größen und Lichtstärken – noch war die Technik nicht reif, in den Häusern oder auf den Straßen eingesetzt zu werden. Es sollte jedoch nicht mehr lange dauern. In den folgenden Jahren gab es eine ganze Fülle von Patentanmeldungen, mit denen die elektrische Beleuchtungstechnik verbessert werden sollte, darunter mindestens drei verschiedene Konstruktionsformen von Glühbirnen – die erste hatte James Brown Lindsay bereits 1835 vorgestellt.

Die Geschichte zeigt ganz nebenbei, dass Thomas Alva Edison wie viele andere ihm zugeschriebene Dinge auch die Glühbirne keineswegs erfunden hatte: Edison war ein großer Verbesserer bestehender Konzepte, die er dann gewinnbringender als jeder andere vermarktete – eine Art Steve Jobs des 19. Jahrhunderts. Edison patentierte seine Glühbirne erst 1881 – fast 50 Jahre nach dem ersten Prototypen, den Lindsay ungefähr 13 Jahre vor Edisons Geburt vorstellte.
In einer Hinsicht hatte sich in den 50 Jahren wenig getan: In der Straßenbeleuchtung tat sich die Edison-Birne so schwer wie ihre Vorgänger, obwohl Edison sich bemühte, auch das dafür notwendige Stromnetz aufzubauen. Gaslicht-Infrastrukturen gab es überall, verlässliche Stromnetze hingegen nicht. Bis ins 20. Jahrhundert blieb die Stromversorgung lokal und regional organisiert, mit deutlichen Unterschieden und klaffenden Versorgungslücken. Der Stromversorgung der Häuser hingegen ebnete die elektrische Beleuchtung den Weg – traf sie doch nicht nur auf Begeisterung, sondern veränderte das gesamte gesellschaftliche Leben.
Die Abende wurden länger, und das war nicht alles. Auch die Qualität des Lichts war eine andere, und sie war anders nutzbar. Elektrische Lampen konnte man an der Decke in der Mitte des Zimmers aufhängen, ohne dass darunter ein Schattenraum entstand, wie das etwa bei den auf Brennstoff basierten Lampen der Fall war.

Das Unternehmen AEG rechnete Watt in Kerzen um, damit man sich die neue Helligkeit auch vorstellen konnte

Ein deutscher Hersteller warb für sein elektrisches Licht mit dem Werbeslogan: »Das einzige Licht, das nach unten leuchtet!« – so profan das heute klingt, damals war es etwas Besonderes. Gaslampen schienen nach oben und verteilten das Licht mithilfe von Reflektoren nach unten, in der Mitte blieb dabei oft ein düsterer Punkt. Die Gaslampenentwickler konterten die Innovationsattacke mit der Entwicklung von Schlauchlampen, die ebenfalls »nach unten« brannten – wir kennen dieses Prinzip von unseren heutigen Campinglampen, auch sie setzen auf einen Glühkörper statt auf eine offene Flamme.

Was die Gasanbieter jedoch noch nicht entwickelt hatten, war eine flexible Kraftquelle. Das Licht bahnte dem Strom den Weg in die privaten Haushalte: Prinzipiell ließ sich jeder Lichtanschluss auch dazu nutzen, ein elektrisches Gerät zu betreiben. Die Birnenfassung wurde so zum Vorläufer der Steckdose. Tatsächlich verfügte eine erste auf das Stromnetz gestützte Generation von Elektrogeräten über Birnen-Kontakte, mit denen sich der Strom aus dem Lichtnetz ziehen ließ. Bis weit in die 30er Jahre des 20. Jahrhunderts hinein blieben solche Steckermodelle im Angebot, trotz der zunehmenden Verbreitung regulärer Haushalts-Stromanschlüsse ab der Jahrhundertwende.

Mit Strom gespielt hatte man seit dem 18. Jahrhundert, ihn in kleinem Maße und batteriegestützt genutzt seit dem Beginn des 19. Jahrhunderts. Wirklich elektrifiziert wurde die Welt jedoch erst auf dem Umweg über das Licht.

Das Bild vom elektrisch erleuchteten New Orleans 1883 zeigt, wie sehr das die Menschen damals beeindruckt haben muss

# ZAPP DEN ZOSSEN

Die meisten Männer haben tiefstes Verständnis dafür, dass man den Wechsel der Fußbekleidung als Qual empfinden kann. Und im Gegensatz zu Pferden nagelt man uns die neuen Sohlen nicht einmal unter die Füße.

Es ist nicht bekannt, was Pferde von dieser Prozedur halten. Seit rund 2.200 Jahren nagelt man ihnen U-förmige Eisen unter die Hufe, um diese zu schützen: Erfunden haben das angeblich die Kelten. Nötig ist das, weil wir das Pferd als Nutztier über Böden führen, die es nicht freiwillig begehen würde, und das auch noch mit Reiter und Kutsche – darauf hatte es die 55 Millionen Jahre alte Evolution nicht wirklich vorbereitet. In seinem natürlichen Normalzustand würde der gemeine Zossen sonst höchstwahrscheinlich mit Vorliebe faul in der Gegend herumstehen und grasen und nur im Notfall in schnellere Bewegung verfallen – auch das eine Parallele zu vielen männlichen Vertretern der Gattung Homo sapiens.

Stattdessen ist er als Nutztier gefragt, und darum braucht er Hufeisen. 2.200 Jahre hin oder her gefällt das so mancher Märe ganz und gar nicht. Wie gut, dass man auch dieses Problem mit Elektrizität lösen kann.

Zumindest wenn man dem renommierten *Scientific American* vom 28. Juni 1884 glauben kann: Dem französischen Wissenschaftsblatt *Science et Nature* folgend berichtete das Blatt über die Experimente eines Herrn Defoy. *(Fortsetzung nächste Seite)*

Jener hatte entdeckt, dass einer seiner besonders renitenten Gäule, der sich stets sehr gewaltsam gegen das Beschlagen der Hufe wehrte, ganz vortrefflich beruhigen ließ, wenn man ihm zwei Elektroden an der Zunge befestigte und für rund 15 Sekunden unter Strom setzte.

Nun ist das allein bemerkenswert genug, aber noch längst nicht alles. Zur Versuchsanordnung gehörte nämlich eine eigens konstruierte Trense, an der nicht nur die Elektroden befestigt waren, sondern auch der Induktor, in dem sich die Spannung aufbaut – und der summte.

Was dann geschah, schilderte auch das *Polytechnische Journal* mit einiger Verwunderung:

*Kaum waren die Ströme 15 Secunden durch die Zunge gesendet worden, so wurde das Pferd still, ließ sich den Fuß heben und beschlagen. Dabei war die Spule des Inductors ganz nahe an das Ohr des Pferdes gehalten worden, so daß das Pferd das Summen des Hammers des Inductors hören konnte. Als später der Experimentator sich wieder vor das Pferd stellte und dieses Summen mit dem Munde nachahmte, ohne den Inductor in Thätigkeit zu setzen, so nahm das Pferd dieselbe verdutzte Stellung ein und ließ sich ruhig beschlagen. Der Inductor wirkte dabei nur sehr schwach und nicht sehr empfindlich, war aber doch sehr unangenehm im Munde und gab vor dem Auge das Gefühl eines Lichtes.*

Unsere wissenschaftlich interessierten Hufbeschlager hatten das Pferd offensichtlich mit Elektroschocks konditioniert, Pawlow lässt grüßen. In der amerikanischen, französischen und deutschen Wissenschaftspresse wurde all das nicht etwa als Tierquälerei aufgenommen, sondern als nützliche Entdeckung – man kann davon ausgehen, dass das heute anders wäre.

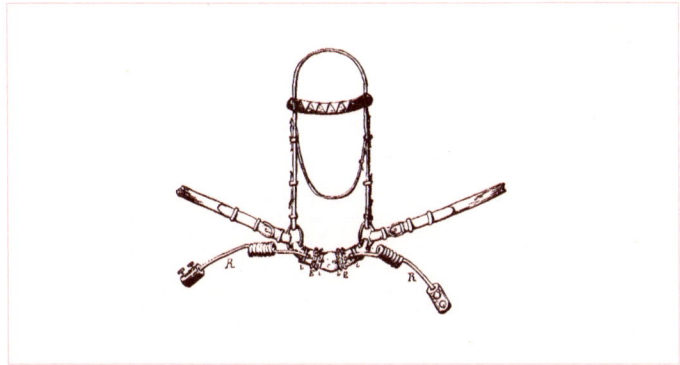

# 2 KOMMUNIKATION UND MUSIK

## Telefongeschichte(n): Die Vernetzung der Welt

Am 30. Mai 1887 verließ Julian West die abendliche Gesellschaft im Elternhaus seiner Verlobten Edith Bartlett früher als geplant. Edith hatte Verständnis dafür: Wie ihr bekannt war, litt West unter Phasen hartnäckiger Schlaflosigkeit und hatte bereits seit Tagen keine echte Ruhe mehr gefunden. Er beschloss darum, den von ihm des Öfteren frequentierten Heiler Dr. Pillsbury wieder einmal um seine Hilfe zu bitten. Der, so gestand West sich ein, war zwar eher Kurpfuscher als Arzt, beherrschte aber die Kunst des animalischen Magnetismus wie kaum ein anderer. Pillsbury magnetisierte seine Patienten stets zuverlässig in einen tiefen Schlummer.

Auch Julian West sollte an diesem Abend durch die damals zwar umstrittene, aber dennoch rege genutzte *Hypnosis* tiefe Ruhe finden. Doch wie wir wissen, ist keine wirksame Behandlung frei vom Risiko der Nebenwirkung: So schlief West zwar ein, ohne Opium oder andere der sonst üblichen beruhigenden Substanzen bemühen zu müssen, nur leider schlief er derart tief, dass er erst 100 Jahre später wieder erwachte. Zu dumm: West wurde quasi im Schlaf zum Zeitreisenden.

Vor 100 Jahren kannten Millionen von Menschen diese Geschichte. Sie ist die Grundkonstellation eines der erfolgreichsten Science-Fiction-Romane des 19. Jahrhunderts: *Looking Backward: 2000–1887* von Edward Bellamy. Durch die Augen seines männlichen Dornröschens Julian West ließ dieser seine faszinierten Leser auf die Wunder einer weit entfernten Zukunftswelt schauen.

In Amerika wurde *Looking Backward* nach *Onkel Toms Hütte* und *Ben Hur* zum dritterfolgreichsten Buch seiner Zeit – und zum einzigen, das eine lebhafte politische, um die Verwirklichung von Bellamys Visionen bemühte Bewegung auslöste. In über 160 Bellamy-Debattierclubs wurden diese Ideen in den USA diskutiert, daneben auch in zahlreichen literarischen Werken und journalistischen Beiträgen. Seine Utopien sollten, obwohl in technologischer Hinsicht dann meist hinfällig, bis zur Zeit des Zweiten Weltkriegs nachwirken: Noch 1927 gründete sich in Holland die *Nederlandse Bellamy-Partij*, die sich zum Ziel gesetzt hatte, seine Sozialutopien umzusetzen.

Bellamy selbst versuchte, mit einem weiteren Buch nachzulegen und seinen Standpunkt noch klarer zu machen. *Equality* (Gleichheit), so der Titel des 1897 veröffentlichten Anschluss-Romans, wurde wegen seines offensichtlich unsinnigen Themas jedoch zu einem veritablen Flopp: Selbst bei den liberalsten Freidenkern kam das Thema Frauen-Gleichberechtigung nicht wirklich gut an. Technologische Visionen mit einer Infragestellung der bestehenden Herrschaftsverhältnisse zu verbinden war eine Sache, aber das Geschlechterverhältnis anzugreifen? Undenkbar!

So blieb Bellamy ein One-Hit-Wonder. Immerhin: Auch in Deutschland, wo er einst studiert hatte, war das 1888 veröffentlichte *Looking Backward* ein Bestseller, der inzwischen in mindestens 14 Editionen und in einer ungeklärten Zahl von Auflagen erschienen ist – die letzte liegt erst wenige Jahre zurück.

Julian West ist der Held dieser Geschichte, die eigentlich kaum eine ist: Bellamy lässt ihn nach 100 Jahren aus seinem durch Dr. Pillsbury so erfolgreich herbeimagnetisierten Tiefschlaf erwachen. Der Rest des Buches ist eine technologisch-soziopolitische Utopie. Aus dem Blickwinkel der Langzeit-Schlafmütze Julian West vergleichen wir die Entwicklung des späten 20. Jahrhunderts mit den Gegebenheiten des ausgehenden 19. Jahrhunderts.

Obwohl der Autor Edward Bellamy Sozialist war – wenn auch aus bestem, sprich: vermögendem Hause – und die sozialen Zustände seiner Zeit verabscheuungswürdig fand, blieb er ein Kind seiner Zeit. Was das technologische wie soziale Entwicklungspotenzial des Menschen angeht, war er wie die meisten seiner Zeitgenossen ein glühender Optimist.

Denn obgleich die industrielle Revolution über lange Strecken mit einer deutlichen Verschlimmerung der Lebensumstände des Proletariats einherging, bedeutete sie für den bessergestellten Teil der Gesellschaft eine wahre Explosion der Möglichkeiten.

Es gab Phasen, da war es, als würde es Erfindungen und Entdeckungen regnen: Die Städte und Häuser veränderten sich, neue Hilfs- und Elektrogeräte, Transport- und Kommunikationsmittel hielten Einzug und ließen die Welt gefühlt schrumpfen. Ingenieure entwickelten Apparaturen, die versprachen, das Leben besser, gesünder und länger zu machen. Die Wissenschaft kam mit der Veröffentlichung ihrer Erkenntnisse kaum noch nach und erschütterte alte Weltbilder. Darwins Evolutionstheorie schließlich stellte das göttliche Prinzip selbst in Frage – und wies dem Menschen einen neuen Platz in der Schöpfung zu: Ein Wesen, das so viel kann, das sogar die Natur seiner Selbst entschlüsselt, dem schien nun alles möglich! Es ist kein Zufall, dass Literaten ausgerechnet in der zweiten, »viktorianischen« Hälfte des 19. Jahrhunderts die Science-Fiction zum populären literarischen Genre machten.

Dementsprechend vermittelt uns auch *Ein Rückblick aus dem Jahre 2000 auf das Jahr 1887*, so der Titel der deutschen Übersetzung von Bellamys Bestseller, zwei Botschaften:

1. So, wie es heute ist, ist es wirklich schlecht.
2. Alles, aber auch absolut und ausnahmslos alles macht der sozialistische wie technologische Fortschritt besser.

Und Bellamys Liste der Verbesserungen ist lang! Natürlich beendet ihm zufolge der Sozialismus nicht nur jede Armut und jeden Klassenunterschied, sondern auch jede Habsucht. Es ist eine kultivierte, zufriedene Welt, die er sich erträumt, in der den Menschen alle Möglichkeiten offenstehen. Noch immer häufig zitiert wird das Buch aber auch deshalb, weil Bellamy zahlreiche technologische Möglichkeiten erdachte, von denen viele irgendwann verwirklicht werden sollten. So darf er sich etwa als Erfinder der Kreditkarte (tatsächlich eingeführt erst 1924) und der elektronischen Zahlungsabwicklung rühmen (schrittweise eingeführt ab 1960, vernetzt und flächendeckend in Verwendung ab Ende der 1970er Jahre).

Bellamy dachte sich aber noch weit mehr aus. Hier ist eine der Schlüsselszenen, die damals nicht nur die Leserschaft faszinierte, sondern auch zahlreiche Tüftler und Geschäftsleute inspirieren sollte:

*Wie Edith* (Anm.: So heißt sein weibliches Gegenüber praktischerweise auch in der Zukunft) *es versprochen hatte, begleitete mich Dr. Leete, als ich mich zurückzog, in mein Schlafzimmer, um mir den Gebrauch des musikalischen Telefons zu zeigen. Er belehrte mich, wie durch Drehen einer Schraube die Musik mein Zimmer füllen oder zu einem Echo verhallen konnte, so schwach und fern, dass man nicht wusste, ob man es wirklich hörte oder ob es nur Einbildung war. (…)*

*»Ich würde Ihnen ernstlich raten, Mr. West, heute Nacht lieber zu schlafen, als die schönste Musik der Welt zu hören«, sagte der Doktor, nachdem er mir alles erklärt hatte. »Bei diesen anstrengenden Erfahrungen, die Sie eben machen, gewährt Schlaf eine Nervenstärkung, für die es keinen Ersatz gibt.«*

*Eingedenk dessen, was mir an demselben Morgen begegnet war, versprach ich, seinen Rat zu befolgen.*

*»Das ist recht«, sagte er, »so will ich das Telefon auf acht Uhr stellen.«*
*»Was meinen Sie damit?«, fragte ich.*

*Er erklärte mir, dass mittels eines Uhrwerkes jemand es einrichten könnte, zu beliebiger Stunde durch Musik geweckt zu werden.*

Wir Kinder des 21. Jahrhunderts erkennen unschwer die heute höchst profanen Funktionen von Radio und Radiowecker – für die man heutzutage eine App hat. Damals aber muss das wahrhaft beeindruckende Science-Fiction gewesen sein, wenn man bedenkt, wie oft die Musikszene aus dem Bellamy-Buch zitiert worden ist. Noch 40 Jahre später wurde sie in Zeitungsartikeln über Erfindungen erwähnt, die sich an Bellamys Musikvisionen messen lassen mussten.

Das Bemerkenswerte daran ist, dass Bellamy die Vision eines reinen Luxusguts schilderte. Wie mehr als 100 Jahre später auch, schienen vor allem die technologischen Visionen die Menschen in Bann zu ziehen, die ihnen das Leben in irgendeiner Hinsicht versüßen würden, und eben nicht die wirklich ambitionierten. Edgar Allen Poe, Jules Verne und andere hatten Menschen literarisch auf den Mond geschickt, Bellamy schickte sie ins Musikzimmer oder weckte sie mit lieblichen Klängen. Das eine war ein gewaltiges Abenteuer, das andere war attraktiv für jedermann.

Schon bevor Dr. Leete seinen Gast ins Bettchen brachte, hatte uns Bellamy in den Worten seines Helden Julian West geschildert, dass es sich bei den Musiksendungen um Live-Übertragungen handelt, 24 Stunden täglich auf mehreren Kanälen eingespielt. Vorstellungskraft hat eben auch ihre Grenzen. Auf eine Apparatur, die Musik quasi zur »on demand« abrufbaren Konserve macht, war Bellamy nicht gekommen. Sein Pech: Thomas Alva Edison patentierte das dafür geeignete Grammophon im September 1887, also ausgerechnet zu der Zeit, als Bellamys Buch in Druck ging. Auch Sci-Fi-Schreiber werden mitunter von der Zeit überholt, bevor die Tinte trocken ist. Ganz besonders oft in Zeiten, in denen es Erfindungen geradezu hagelte.

In anderer Hinsicht aber war Bellamy absolut up to date, und das wohl nicht zufällig: Dass es ausgerechnet das Telefon war, das die Menschen seines Jahrs 2000 mit »der schönsten Musik der Welt« versorgte, war keine Vision, sondern galt 1888 bereits als ausgemachte Sache: Wozu sollte der Apparat sonst gut sein?

## Raue Sitten: Die »Erfindung« des Telefons

Zu dem Zeitpunkt, als Bellamys Buch erschien, waren Telefone nicht nur auf den im ausgehenden 19. Jahrhundert so außerordentlich populären Elektrik-Novitätenschauen und Messen zu bestaunen, sondern seit über zehn Jahren auch in etlichen Varianten für jedermann erhältlich. Europa war den USA hierbei voraus: Obwohl der Siegeszug des Telefons später vor allem von Amerika ausgehen sollte und die Erfindung des Apparats heute meist einem vermeintlichen Amerikaner zugesprochen wird, hinkten die USA der Entwicklung anfänglich einige Jahre hinterher.

Die ab 1881 in Umlauf gebrachten amerikanischen Modelle basierten, wenn man es großzügig betrachtet, auf der 1876 durch den Schotten Alexander Graham Bell patentierten Idee eines Telefons, die wir heute gemeinhin als Ur-Telefon sehen. Bell war erst fünf Jahre zuvor mit seinen Eltern aus Großbritannien nach Kanada eingewandert und kurz darauf in die USA übergesiedelt, wo er 1882 schließlich die Staatsbürgerschaft beantragte.

Doch Bell gilt wohl zu Unrecht als Erfinder des Telefons. Freundlich gesagt war er eher eine Art Weiterentwickler, er führte verschiedene Konzepte anderer Leute zusammen und vermarktete sie. Erheblich unfreundlicher ausgedrückt könnte man ihn auch als Plagiator und Patent-Troll bezeichnen: Bells Patent von 1876 erfolgte voreilig und nur, um einer Patentierung des Telefon-Prinzips durch Konkurrenten zuvorzukommen. Sein erfolgreich patentiertes Konzept war nicht funktionsfähig, sondern letztlich ein Bluff. Er beschrieb die beabsichtigte Funktion des Apparats zwar richtig, verfügte aber über keine Maschine, die wirklich dazu in der Lage gewesen wäre. Bell verhinderte damit die Patentierung eines tatsächlich funktionsfähigen Apparats durch den Telefon-Pionier Elisha Gray und gewann so die Zeit, selbst etwas Vergleichbares zu Ende zu entwickeln. Es sollte ihn steinreich machen.

Bell selbst hatte damals jemandem gestanden, dass er zwar diese fantastische Idee hätte, so etwas wie ein Telefon zu bauen, ihm aber leider das dafür nötige Know-how fehle. Letzteres lieferte ihm bald darauf sein Assistent Thomas Watson, der in diesen Angelegenheiten mehr Durchblick hatte.

Reis-Telefon von 1861: Eine der »Inspirationen«, aus denen Bell sein Telefon entwickelte, das er 1876 zum Patent anmeldete

Die Maschine, mit der die beiden wenig später Geschichte schrieben, scheint auf einigen von Elisha Gray »geliehenen« Lösungen für Probleme des ursprünglichen Bell-Konzepts zu basieren, die Bell und Watson aus dem Patent-Antrag Grays »weggefunden«

haben könnten. Nachgewiesen wurde es ihnen nie. Hauptsächlich jedoch fußte Bells Apparat einerseits auf dem Telefon des Deutschen Philipp Reis – Bell besaß ein Reis-Telefon, das er aus Europa mitgebracht hatte und das er akribisch untersuchte – und dem Patent-Antrag und den Telefon-Prototypen des Italo-Amerikaners Antonio Meucci andererseits.

Letzterer hatte 1871 selbst versucht, ein Patent für das von ihm ab 1854 entwickelte, Mitte der 1860er Jahre schließlich zur Nutzungsreife gebrachte Telefon zu erlangen, konnte aber die Gebühren der Behörde nicht bezahlen. Nach zwei Jahren verfiel sein Antrag, und Meucci stand derweil vor dem wirtschaftlichen Ruin. Auch seine Werkstatt hatte er wegen dieser anhaltenden Geldnot längst verloren. Als er die Herausgabe seiner dort gelagerten Telefonmodelle, Pläne und Unterlagen einschließlich des detaillierten Patentantrags vom Nachmieter der Werkstatt verlangte, verweigerte dieser das mit der Begründung, er habe den ganzen Kram verloren. Der Nachmieter hieß natürlich Alexander Graham Bell. In Meuccis Werkstatt begann er die Arbeit an seinem eigenen Sprechapparat.

Manchmal sollte man sich die Helden der Technikgeschichte also nicht zu genau ansehen, »geguttenbergt« wurde schon immer. Am Ansehen des Technologie-Heroen Graham Bell mag man in Amerika auch heute noch nicht kratzen. Immerhin aber erkannte der US-Kongress postum die Verdienste des 1889 völlig verarmt gestorbenen Erfinders Antonio Meucci bei der Erfindung des Bell-Telefons an und ehrte ihn somit nachträglich – im Jahr 2002.

Antonio Meucci, der vergessene Telefon-Entwickler

## Neue Industrien verändern die Welt

Bells frühe Telefone waren dabei so weit davon entfernt, wirklich alltagstauglich zu sein, wie es wohl auch Meuccis Exemplare gewesen wären. Man musste stets sehr genau hinhören, um etwas zu verstehen. Selbst die von der wunderbaren neuen Erfindung überaus begeisterten Zeitgenossen nahmen die Sprachqualität als deutlich verbesserungsfähig wahr. Entsprechend schleppend lief die Verbreitung an, um die sich Bell höchstpersönlich mit aller Macht bemühte: Sein Patent sorgte dafür, dass er sämtliche Konkurrenz-Konzepte per Gericht aus dem Markt kicken konnte (er führte mehr als 600 entsprechende Prozesse). Wer – wie beispielsweise Alva Edison, der zu dieser Zeit auf so ziemlich jedem Gewinn versprechenden Markt mitmischte – in den aufkeimenden Telefonmarkt einsteigen wollte, musste Lizenzgebühren an Bell zahlen. Die von ihm gegründete, erst nach ihm benannte und sehr viel später in »AT&T« umbenannte Firma beherrschte den Markt zeitweilig fast monopolhaft und ist noch heute das zweitgrößte Telefonunternehmen der Welt.

Einmal mehr bewies Alva Edison, warum er als einer der kreativsten Technologie-Entwickler in die Geschichte einging. Er nahm sich das Bell-Telefon vor und ließ es auf seine Schwächen untersuchen. Die größte davon war das Mikrofon. Edison entwickelte ein eigenes, das er bereits 1877 zum Patent anmeldete: Sein Kohlegrießmikrofon war den Bell-Lösungen nicht nur in Sachen Sprachqualität weit überlegen, die zugrundeliegende Technologie konnte auch als Relais zur Verstärkung von Telefonsignalen eingesetzt werden – erst das machte Telefongespräche über längere Distanzen möglich.

Bell hatte fast zeitgleich ein vergleichbares Patent aufgekauft, in den Folgejahren bemühten die beiden deshalb ausgiebig die Gerichte. Dass Edison als Sieger aus diesem Patentstreit hervorging, machte die beiden am Ende zu Partnern: Bells kommerzielle Serienmodelle kombinierten fortan die Techniken der beiden Firmen, und Edison wurde zum Mit-Profiteur an Bells Erfolg, statt Lizenzgebühren zu zahlen. Die Grundkonstruktion dieses so entstandenen Apparates sollte bis in die 80er Jahre des 20. Jahrhunderts das Standardtelefon bleiben.

Bell und Edison begannen also, sich den US-Markt aufzuteilen, während die meisten von Bells früheren Konkurrenten ihre Kreativität in neue Konzepte steckten. Elisha Gray, der vor seinem am Patentamt gescheiterten Telefon-Abenteuer mit Elektrogeräten gehandelt hatte, erfand beispielsweise im Jahr 1887 den Teleautografen, den frühesten Vorläufer einer Fax-Maschine, die Handschriftliches über Telegrafenleitungen übertragen konnte. Grays Firma vermarktete solche Geräte rund 100 Jahre, bevor sie schließlich vom Großunternehmen Xerox (welches 1938 den Fotokopierer erfand) geschluckt wurde.

Doch der Weg zu kommerziellen Erfolgen mit der neuen Telekommunikation war höchst mühselig. Die zunehmend industrialisierte westliche Welt des ausgehenden 19. Jahrhunderts nutzte mit großer Selbstverständlichkeit so unterschiedliche Fernübertragungstechniken wie Telegrafen und Brieftauben. Es war eine Zeit ungeahnt rapider Veränderungen: Von einem Jahr zum anderen konnten sich die Grundbedingungen vieler Dinge völlig verwandeln. Es war gleichzeitig aber auch eine Übergangszeit, in der ausgefuchste neue Technologien neben jahrhundertealten Praktiken zum Alltag gehörten. Die Lebensstile der Menschen hätte man zur gleichen Zeit am gleichen Ort teilweise unterschiedlichen Jahrhunderten zuordnen können. Grundsätzlich ging der sich immer weiter beschleunigende Fortschritt jedoch an niemandem vorbei.

In der Rückschau sehen wir viel klarer, was dieser Generation noch bevorstand: Innerhalb von 30 Jahren sollte sie nicht nur eine Revolution der Telekommunikation erleben, sondern auch enorme Umwälzungen des Gesundheitswesens, der Geschlechterrollen und der Gesellschaftshierarchien. Der Film sollte die Welt erobern, das Radio Einzug in den Alltag halten. Automobile, die seit Beginn des 19. Jahrhunderts bekannt waren und vielfach genutzt wurden, auch nach sieben Jahrzehnten aber kaum eine spürbare Rolle spielten, wurden zum Massenphänomen. Strom zog in die Häuser ein, die flächendeckende Wasserversorgung veränderte das Leben. Flugzeuge kreisten am Himmel. Schon Anfang der 1880er Jahre waren die Menschen mehr als bereit, alle möglichen Innovationen beinahe gierig anzunehmen – sofern sie als amüsant oder nützlich wahrgenommen wurden. Beim Telefon war weder das eine noch das andere unbedingt gegeben.

## Wer braucht schon ein Telefon?

1883 machte das einflussreiche deutsche *Polytechnische Journal* in seiner 247. Ausgabe Inventur über die bis dahin bekannten Telefonkunden in aller Welt. Demzufolge wies Österreich-Ungarn damals 370 Telefon-Teilnehmer auf, Frankreich 200 (plus 2.000 öffentliche Fernsprech-Stationen!) und die USA, wo es Telefonverbindungen nur in drei Städten gab, 1600. Weltweit führend aber war zu dieser Zeit ein Land, das auch heute noch als Hochburg der Telekommunikation, als Großmacht der Quasselstrippen gilt: Italien hatte mit 3.003 Teilnehmern mehr private Telefonanschlüsse als der Rest der Welt zusammen.

Weltweit gab es dieser Schätzung zufolge also knapp über 5.000 private Telefonanschlüsse – rund 40 Jahre nach den ersten öffentlichen Vorführungen experimenteller Telefon-Vorläufer, 20 Jahre nach den ersten annähernd funktionsfähigen Apparaten und immerhin sieben Jahre nach Vorstellung des ersten tauglichen Bell-

# SCHWIMMEN LERNEN PER TELEFON

Mithilfe eines speziellen Kopfhörers und Mikrofons unterrichtet ein Trainer aus San Francisco das Schwimmen. Der Schwimmlehrer steht am Rande des Beckens und gibt seine Ratschläge an den Schwimmschüler im Wasser durch.

Das Gerät, das mit einer Spannung von drei Volt arbeitet, setzt sich aus speziell hergestellten wasserdichten Kopfhörern und Mikrofon sowie einem Telefonkabel zusammen. Der Vorteil dieser Vorrichtung liegt darin, dass Fehler während des Schwimmens korrigiert werden können. Der Erfinder des Swimaphone prüft seinen Apparat, bevor er seine schönen Schülerinnen für ihre Lektionen ins tiefe Wasser schickt.

(*Modern Mechanics,* Juni 1934)

Telefons. In diesem vorletzten Jahrzehnt des 19. Jahrhunderts war es nur schwer vorstellbar, dass sich an der wanderdünenhaften Verbreitungsgeschwindigkeit der neuen Technik schnell etwas ändern würde. Der Telegraf schien noch immer das überlegene, weil allerorten verfügbare Kommunikationsmittel – er konnte mit einer gut ausgebauten Infrastruktur punkten.

Eine echte Nachfrage danach, jederzeit in den eigenen vier Wänden kommunikativ verfügbar zu sein, war schlicht nicht vorhanden. Wozu auch? Per Telefon zu erreichen waren nur wenige Early Adopters, wie man heute sagen würde. Diese mussten in ihre Apparate brüllen, weil die Verbindungsqualitäten noch immer schlecht genug waren, erheblichen Raum für Missverständnisse zu lassen. Das Telegramm hingegen kam eindeutig, unmissverständlich und gestochen scharf beim Empfänger an.

Wer brauchte also mehr als einen Telegrafen? Wer es eilig hatte, schickte lieber ein Telegramm, das inklusive Boten-Zustellung innerhalb weniger Stunden an jedem Punkt der zivilisierten Welt seinen Empfänger erreichen konnte. Das erste funktionierende transatlantische Kabel wurde bereits im Juli 1866 in Betrieb genommen, ab da brauchte eine Nachricht von New York nach London nur noch Minuten. Schon vier Jahre später verbanden die Briten England und Indien, zwei Jahre später koppelten sie Australien an. Binnen weniger Jahre hatte sich die Welt komplett vernetzt, das Telegramm wurde die E-Mail ihrer Zeit. Wer konnte es noch eiliger haben?

## »Öh, hier!« – Die Sehnsucht der Eiligen

Behörden und andere staatliche Organe zum Beispiel: Auf sofortiges Interesse stieß das Telefon beim Militär, das bereits Ende der 80er Jahre mit mobilen Telefoneinheiten experimentierte, die ihre

Kabel per Fahrrad zogen. In Frankreich entwickelten die Militärs ein Dreirad mit Hohlrädern, auf dessen Außenseiten kleine Paddelflächen montiert waren. Das Gefährt sollte Kabel nicht nur an Land ziehen, sondern auch zu Wasser, ähnlich wie ein Tretboot. Trotz eines spektakulär erfolgreichen Versuchs, in dessen Verlauf zwei Soldaten auf diesem Velociped über zwei Stunden Kabel durch Wasser von 25 bis 35 Meter Tiefe zogen, ohne zu ertrinken, setzte das Vehikel sich nicht durch.

Doch logistische Probleme konnten das Interesse an Kommunikationstechnik nicht schmälern. Auf Sprachübermittlungstechnik war das Militär seit langem scharf.

Dass Sprachnachrichten für die Organe und Behörden des Staats von äußerster Wichtigkeit wären und eine verbale Übermittlung der Telegrafietechnik, die er für zu kompliziert hielt, vorzuziehen sei, hatte der deutsche Ingenieur und Arzt Dr. Elard Romershausen schon 1838 erkannt. Seinem in zwei Aufsätzen vorgeschlagenen Sprach-Kommunikationssystem gab er den Namen Telefon – wahrscheinlich war er also Erfinder des Begriffs, nicht Philipp Reis. 1840 schrieb Romershausen selbstbewusst:

*Namentlich wird man das Interesse, welches man gegenwärtig der elektrischen Telegraphie schenkt, gewiß weit vortheilhafter diesem Telephon zuwenden; denn so sinnreich und wissenschaftlich interessant auch die Darstellung elektrischer Telegraphen ist, so mannichfache Hindernisse werden sich der Ausführung und Benutzung derselben im Großen entgegenstellen.*

In heutige, twitterkompatible Sprache übersetzt: Telegraf? Taugt nix, weil zu kompliziert. Telefon? Besser: Plappern kann jeder, morsen nicht.

Aus der Perspektive der damaligen Zeit eine verständliche Einschätzung. Romershausens Telefon hatte den Vorzug, auf einer

Technologie zu Füßen, die seit Jahrtausenden bekannt und faktisch wartungsfrei war, wenn auch nicht sehr tragbar: Er schlug vor, Wasserrohre als Schallverbreitungstechnik zu nutzen. Sein Telefon war also keine an sich neue Technologie, sondern nur eine neue Methode zur sinnvollen Nutzung einer alten – Töne (»phon«) über Entfernungen (»tele«) zu übertragen.

Hierzu brauchte man keine Elektrik, sondern nutzte lediglich die physikalischen Eigenschaften des Schalls. Romershausen hatte entdeckt, dass man Sprachnachrichten oft kilometerweit verbreiten kann, wenn man in ein Rohr hineinschreit – selbst, wenn dieses nicht völlig gerade verlegt ist.

So wahr und schön das sein mag, auch diese Technik konnte sich dem Optimismus des Entdeckers zum Trotz nicht durchsetzen. Wir fragen uns heute unwillkürlich, ob der Mann einfach keine Freunde hatte. Mit irgendjemandem muss er doch geredet haben, bevor er diese Schnapsidee veröffentlichte! Zu seiner Ehrenrettung: Der Mann erfand tatsächlich einige nützliche Dinge und war hoch respektiert. Auch nach der natürlich vergeblichen Veröffentlichung seiner Telefonidee publizierte er fleißig weiter.

Im Gegensatz zu Romershausens Idee, die der Rohrverlegerbranche einen echten Boom hätte bescheren können, interessierten sich die Militärs sofort für das elektrische Telefon. Kabel zu verlegen erschien irgendwie naheliegender als Rohre.

Bereits im Dezember 1877 fanden in Deutschland unter Leitung eines Hauptmanns Körner vom 58. Infanterie-Regiment bahnbrechende Versuche statt. Es galt, »die Verwendbarkeit des Telephons für den Vorpostendienst aufzuklären«.

Zu diesem Behufe ließ Körner einen Füsilier mit einem Kabeltornister eine 320 Meter lange Leitung zu einem Versuchs-Vorposten ziehen. Der Soldat erledigte diese Aufgabe – wohl auch dank der Tatsache, dass er nicht unter Beschuss lag – in weniger als drei Minuten. Auch von solcher Rüstungsforschung berichtete das *Polytechnische Journal* ausführlich und regelmäßig:

*Nach Einschaltung zweier von Siemens und Halske gefertigter Telephone wurde an jedem der beiden Orte mittels eines Kapottes* (Anm.: ein Kapuzen-Regenmantel oder -Umhang) *ein kleiner abgeschlossener Raum hergestellt, so daß der starke Wind das deutliche Hören nicht im Geringsten hinderte. Als Anruf wurde ein mit lauter Stimme gerufenes »öh« benutzt; nach der Beantwortung des Anrufes durch das Wort »hier« begann das Telephoniren.*

Öh, hier? Man beginnt zu ahnen, warum es in dieser Frühphase der Telefonie eine ganze Flut von Patentanträgen gab, die »Lautgeber« für Telefone beschrieben. Einige davon beruhten auf Rückkopplungen, die als Rufton schrille Quietschtöne in den Raum schickten. Zum Glück ließ die Schelle alias Bimmel, Glocke oder Klingel dann nicht mehr allzu lange auf sich warten. Bis dahin öhte man eben.

Bereits 1880 verfügte auch Hauptmann Körner über Telefone, bei denen man dank eingebauter Rufsignale auf gebrüllte Ö-Laute verzichten konnte. Auch in anderer Hinsicht hatte sich in den mittlerweile verflossenen zwei Jahren gezeigt, mit welch atemberaubender Geschwindigkeit der technische Fortschritt zum Wohle der militärischen Kommunikation weitergaloppiert war: Viel handlicher war die Technik inzwischen! Siemens und Halske hatten ihren Apparat zu einem schicken, tragbaren Feldtelefon im eigenen, als Rucksack zu tragenden Transportkasten von nur 11,5 Kilogramm Gewicht geschrumpft. Alles was der Telefon-Füsilier nun noch durchs Feld schleppen musste, war der ebenfalls deutlich optimierte Kabelrucksack von läppischen 8 Kilogramm Gewicht – und das bei einer deutlich vergrößerten Reichweite von 500 Metern.

Was wollte man mehr? Nun, zum Beispiel gar keine Kabel. Bereits 1883 begann das deutsche Militär, zunächst reichlich erfolglose Experimente mit »drahtloser Telegrafie« zu finanzieren – denn natürlich hatte auch die Leitungsverlegung per Fahrrad oder Füsilier im Feld ihre Nachteile. Die Kommissköpfe erwiesen sich damit als echte Technik-Pioniere: Der in geschäftlichen Dingen allgegenwärtige Alva Edison brauchte noch bis 1885, bis er sein erstes eigenes Patent zur drahtlosen Telegrafie anmeldete.

Es sollte noch rund ein Jahrzehnt dauern, bis sich der Telegrafie und jungen Telefonie mit den ersten echten Erfolgen der Funkerei neue Konkurrenz ankündigte.

Was Telefonie für eine ganz andere, aber um aktuelle Informationen nicht weniger bemühte Branche bedeuten könnte, erkannte man zuerst in England. Die Times vom 27. Mai 1880 berichtete in eigener Sache über die Einrichtung einer Telefon-Standleitung zwischen Parlament und Redaktion. Entlang dem Ufer der Themse hatte der Zeitungsverlag ein Kabel ziehen lassen, welches das House of Commons mit dem Druckereigebäude der Times verband. An beiden Enden stand ein Edison-Mikrofon, das die zu dieser Zeit qualitativ beste Sprachübertragung gewährleistete. Die Reporter gaben ihre Berichte nun telefonisch durch und waren somit »30 bis 45 Minuten« schneller als die Konkurrenz – durchaus relevant zu einer Zeit, als es noch Zeitungs-Spätausgaben gab und diese das aktuellste Massenmedium darstellten.

In Europa fiel das Experimentieren mit der neuen Technik leichter als in den USA, weil es hier eigene Patente gab. Bells Patent konnte daher die Entwicklung konkurrierender Techniken nicht weiter behindern. So erklärt sich die irritierende Tatsache, dass quasi zeitgleich zur »Erfindung« des Telefons durch Bell die Geräte an allen möglichen Orten auf der Welt bereits eingesetzt, optimiert und weiterentwickelt wurden. In Wahrheit waren maßgebliche Impulse und Entwicklungen in Sachen Telefonie schließlich schon seit rund 20 Jahren aus Italien, Österreich-Ungarn, Frankreich und Deutschland gekommen. In Berlin betrieb das Telegrafenamt bereits 1880 – ein Jahr vor Inbetriebnahme der ersten Bell-Telefonnetze in Amerika – nicht nur ein kleines Telefonie-Netz für Privatpersonen, sondern bot auch einen Telefon-Weckdienst an, den man abonnieren konnte. Für den Weckdienst soll es sogar abgespeckte, auf einen reinen Klingeltongeber reduzierte telefonische Weckapparate – sogenannte »telefonische Wecker« – gegeben haben. Möglich, dass Edward Bellamy, der in Deutschland studiert hatte, davon wusste, als er seinen »Radiowecker« erträumte.

In Frankreich hatte man 1887 die Idee, das Telefon dadurch populärer zu machen, indem man ihm einen sofort begreifbaren Nebennutzen gab:

*Um eine ausgebreitete Anwendung des Telephons im häuslichen Leben zu ermöglichen, hat man in Frankreich versucht, demselben durch Verschmelzung mit einem gewöhnlichen Druckknopfe für elektrische Haustelegraphen eine größere Handlichkeit und Bequemlichkeit im Gebrauche, gepaart mit größerer Billigkeit, zu verschaffen und es zu befähigen, die gewöhnlichen Druckknöpfe bei den mit elektrischen Klingeln ausgerüsteten häuslichen Anlagen zu ersetzen und mit sehr geringen Kosten die bisher beschränkte Leistung dieser Anlagen dahin zu erweitern, daß der Rufende mit dem Gerufenen in ein Gespräch treten kann. Dies soll aber ohne jede Vermehrung der bereits in der Anlage vorhandenen Drähte und ohne Aenderung des vorhandenen Leitungsnetzes erreicht werden, sowie unter Mitbenutzung der bereits vorhandenen Apparate, welche bloß um die zum Sprechen erforderlichen vermehrt werden sollen. (Polytechnisches Journal, 1887)*

Bald darauf begannen Anbieter auch in Wien und Nürnberg mit der Einrichtung oder dem Ausbau entsprechender Anlagen. Nur um der lieben Klarheit willen: Sie machten das Telefon damit also zur elektrischen Haussprechanlage, nicht mehr und nicht weniger. Telefoniert wurde hausintern, zwischen Räumen oder um die Dienerschaft mit konkreten Anordnungen einzudecken, statt sie herbeiklingeln zu müssen und dann erst mit einer Aufgabe auf den Weg schicken zu können. Die gleiche Aufgabe hatten in reichen Häusern des viktorianischen England zuvor Messing-Rohrsysteme erfüllt, in die man einfach hineinpfiff und dann seine Nachrichten brüllte – nicht besonders gentleman- und ladylike, aber sehr nah am ursprünglichen Telefon-Verständnis des Elard Romershausen.

Die Idee der hausinternen Kommunikation fand einige Beachtung, die zeitgenössische Presse berichtete ausgiebig über dieses höchst nützliche Konzept. Das war endlich einzusehen! Jede neue Erfindung braucht eben ihr Alleinstellungsmerkmal, ihren sogenannten USP (Unique Selling Proposition), wie das auf Betriebswirtschafts-Deutsch heißt: Etwas, das die Erfindung zu etwas Besonderem macht, das alles andere auf dem Markt nicht bieten kann. Technik verkauft sich dann, wenn sie nützlich ist, besser noch, wenn sie chic, prestigeträchtig oder unterhaltsam ist.

Was im Falle des Telefons als Killer-Verkaufsargument in Frage kommen könnte, war findigen Geschäftsleuten und kreativen Erfindern längst klar, bevor Bell die ersten Telefonleitungen legen ließ und seine Apparate zu verkaufen begann: Musik.

Wasserfahrräder wurden in Frankreich, Deutschland, den USA und anderen Ländern entwickelt – die Lösungen, zu denen man kam, ähnelten sich auffallend

## Wieso reden? Das Telefon als Früh-Radio

Bereits Philipp Reis hatte bei seinen frühen Telefonexperimenten ab 1858 festgestellt, dass modulierte Töne, am besten bekannte Melodien, viel leichter zu übertragen und zu verstehen waren als Sprache. Jahre bevor er 1863 den historischen, vorbildlich unpathetischen Satz »Das Pferd frisst keinen Gurkensalat« als erste überlieferte Äußerung per Telefon an die nicht nur deshalb staunenden Mitglieder des Frankfurter Physikalischen Vereins übermittelte, pfiff und sang er so erfolgreich in sein Mikro, dass die Melodien am anderen Ende recht zuverlässig erkannt werden konnten. Kurzum: Das Telefon schien besser zur Übertragung von Musik geeignet als von Sprache.

Dazu kam, dass man sich den damit verbundenen Business Case, wie man heute sagen würde, viel leichter vorstellen konnte. Warum sollte man sich für ein Heidengeld ein Telefon installieren lassen, wenn Freunde, Bekannte und Verwandte keines hatten? Wen sollte man anrufen? Das Militär, um mal zu hören, wie die Kabelverlegung in Feld, Wald, Wiese und Wasser läuft? Die Polizei, die Telefone – zum Beispiel in Chicago – zunehmend als internes Alarmsystem nutzte? Das Telegrafenamt, um telefonisch ein Telegramm aufzugeben? Wohl kaum!

Vorstellen konnte man sich dagegen durchaus, dass Kunden Geld bezahlen würden, um per Fernsprechapparat eine Opernaufführung mitzuhören. Und das sowohl in öffentlichen Musikräumen, wie sie auch Edward Bellamy in seiner Zukunftsvision *Looking Backward* geschildert hatte, als auch in Form einer regelmäßigen, zahlungspflichtigen Dienstleistung: Mit das erste Geschäftsmodell, das den Telefon-Entwicklern einfiel, war also das von Napster und iTunes – Online-Musikdienste gegen Zahlung, wenn man so will. Noch bevor die ersten Fernsprechnetze entstanden, begannen Ingenieure bereits daran zu arbeiten, das Telefon zum Musik-Vertriebsmedium der Zukunft zu machen.

Bereits 1878 berichtete das *Bulletin de la Société d' Encouragement* über Verbesserungen am sogenannten »singenden Kondensator«, mit dem die Wiedergabe musikalischer Töne durch das Telefon verbessert und verstärkt werden sollte. In den folgenden Jahren wurden Telefon-Musikräume zu den meistbestaunten und meistgenutzten Attraktionen der überall stattfindenden Elektrizitätsausstellungen und -messen. Die nötige Technik, das ausgehende Telefonsignal zu splitten und zeitparallel an mehrere Telefone zu verteilen, stand längst bereit. Spätestens ab 1880 war die telefonische Musikshow fester Bestandteil jeder größeren Elektrizitätsmesse.

Öffentliche Musik-per-Telefon-Demonstration: Eine Technik, die sofort begeisterte – und das Telefon zu einer Art Kabel-Radio machte

Und Gegenstand der ambitioniertesten Experimente. In Paris und London führte man 1881 erfolgreich Live-Opernübertragungen durch. Das Publikumsinteresse war so groß, dass jeder nur ein paar Minuten zuhören durfte. Der Musikgenuss, berichtete damals das *Polytechnische Journal*, sei ein »vollkommen befriedigender« gewesen.

Kein Wunder, hatten sich die Ingenieure doch etwas ganz besonders Ausgefuchstes ausgedacht: Anders als beim Grammofon sollte man bei der telefonischen Musikübertragung auch den räumlichen Eindruck der Musik übermittelt bekommen. Man vermutet, dass diese neue Technik, die man später Stereofonie oder kurz Stereo nennen sollte, zum ersten Mal im Londoner Hotel Bristol zum Einsatz kam: »*Im Hotel waren 7 Sätze zu je 8 Telephonen aufgestellt; jeder Hörer bekam zwei Telephone, von denen das eine mit dem links von der Bühne, das andere mit dem rechts von ihr aufgestellten Mikrophon verbunden war.*«

Mit ähnlichen Aufbauten hatte man auch schon in Paris experimentiert. Im Herbst des Folgejahres versuchten die Tüftler anlässlich der Electricitätsausstellung von München, das Ganze noch zu toppen: Nicht genug damit, dass hier zeitparallel mehrere Hörräume mit Musikübertragungen beschickt wurden. Jetzt kamen sie auch noch von unterschiedlichen Orten, nämlich aus Tutzing und Oberammergau – die erste Liveübertragung eines Konzertes über satte 100 Kilometer.

Quantität würde also keinen mehr hinter dem Ofen hervorlocken, befanden die Organisatoren der nächsten großen E-Show in Wien im Jahr 1883 – und schraubten an der Qualität der Übertragung. Nicht mehr nur zwei Mikrofone am Bühnenrand bildeten die Musik ab, sondern ganze 12, die man über die gesamte Breite der Bühne arrangiert hatte. Schon in den folgenden zwei Jahren sollte es Aufbauten mit bis zu 36 Mikrofonen geben.

Das öffentliche Interesse war mittlerweile also mehr als nur geweckt: Die Nachfrage nach solchen Formen des Entertainments war da – und sie befeuerte wiederum die Nachfrage nach dem Telefon. Im September 1884, drei Jahre, bevor Edward Bellamy all diese Experimente zu Ende dachte und seine Vision des telefonischen Home-Entertainment zu Papier brachte, folgte der letzte Beweis dafür, dass man für den Telefon-Musikdienst keine eigene Infrastruktur würde schaffen müssen. Genau wie für das Telefonieren würde man auch für die Verbreitung von Musik die Telegrafendrähte nutzen – und zwar gleichzeitig mit dem Versenden von Morse-Nachrichten. Der belgische Ingenieur F. van Rysselberghe demonstrierte das erfolgreich auf der E-Ausstellung in Antwerpen. Die technischen Voraussetzungen schienen demnach gegeben, richtig durchzustarten mit dem Massen-Entertainment.

Zugleich begann sich die Infrastruktur weit schneller zu verbreiten, als noch fünf Jahre zuvor vermutet. 1889 gelang in den USA die Übertragung eines Live-Konzerts über eine Ferngesprächs-Leitung. Nicht nur 80 Mikrofone wurden eingesetzt, sondern beim Empfänger erstmals auch Lautsprecher statt Telefonhörer: Eine Sensation, die kurz darauf für die Mitglieder eines Kongressausschusses wiederholt werden und der Verbreitung der Telefontechnik weiteren Schub verleihen sollte.

Sieben Jahre nachdem das Polytechnische Journal die Zahl der Privatanschlüsse bei 5000 weltweit ansetzte, zählte man in den USA bereits über 200.000, Tendenz rasant steigend. Fast 70.000 Kilometer Telefonleitungen verbanden inzwischen rund zwei Dutzend US-Großstädte auch miteinander. Mit Lautsprechern wiedergegebene Musikübertragungen auf Galadinners in Hotels und weiterhin auf Messen und Kongressen entfachten schließlich eine wahre Telefon-Euphorie. Alles ging mit einem Mal ganz schnell, denn auch die Geschäftsleute begannen den Nutzen der neuen Technik zu begreifen. Bereits 1889, so die New York Times, gelang es erstmals, die Vorstandssitzung eines großen Unternehmens als Telekonferenz durchzuführen – wenngleich es dieses Wort dafür natürlich noch nicht gab.

Was es allerdings schon gab, waren ähnliche Erfahrungen auf einer anderen Ebene: Im Juni 1897 berichtete die Fachzeitschrift *Electrical Review* von einer kuriosen Mode in der rund 150 Kilometer westlich von New Orleans gelegenen Stadt Mobile, Alabama, wo man »Telephone Partys« organisierte, bei denen die Teilnehmer miteinander plaudern konnten, »als wären sie in einem Raum«. Wieder einmal liegt die Erfindung einer Spaßanwendung (in diesem Fall eine Art Chatroom) vor der Einführung der ernsthaften Variante.

»Die Wissenschaft vom Telefon«, kommentierte die *New York Times* am 9. Oktober 1890, »macht dieser Tage riesige Fortschritte. (...) Möglichkeiten entwickeln sich rapide zu Tatsachen, die Geschäftsabläufe verändern, Hunderte von Meilen voneinander entfernte Städte näher zusammenrücken und sogar die Träume von Edward Bellamy wahr werden lassen.«

»Sogar«? Aber sicher: Dass das Telefon auch dem ganz normalen Anwender Freude bringen könnte, schien unter all den revolutionären Veränderungen durchaus einer der wichtigsten Aspekte. Für den Times-Autor war es aber vor allem die Kombination von Telefon und Lautsprecher, die Großes verhieß. Vielleicht schon in einem Jahr, schwärmte er, könne man die Reden berühmter Intellektueller zeitgleich an vielen öffentlichen Orten hören, so wie man sicher auch Konzertübertragungen dazu nutzen werde, abendliche Bälle überall im Land zu beschallen – der Mann beschrieb eine Art Radio-DJ-Service für Partys. Und die Siechenden im Krankenhaus hätten schon bald die Wahl, sich an aufmunternden geistlichen Programmen oder tröstlicher Musik zu erbauen.

Auch der Phonograph werde bei der Übertragung von Musik und anderer Dinge »eine große Rolle spielen«, prophezeite der anonyme Autor hellsichtig und richtig. Dann werde selbst der Tod eines großen Musikers nicht mehr zwangsläufig dazu führen, dass dessen Werke verhallen. Kein Zweifel: Der aus damaliger Perspektive so abrupte Technologie-Umbruch versetzte den vergeblich um Sachlichkeit bemühten Autoren der seriösen, einflussreichen Zeitung in eine rauschhafte Euphorie bis über die Pathosgrenze.

Und in Europa? Dort kündigte im August 1889 eine neue, in Paris gegründete Firma auf der dortigen Weltausstellung an, den Parisern schon bald kräftig etwas für die Ohren zu bieten. Die Technik der Firma basierte auf dem verbesserten und nun mit einem Kunden-Empfangsgerät erweiterten Musikzimmer-Aufbau des Erfinders Clément Ader, der damit bereits 1881 in den Schlagzeilen war: Der Franzose hatte speziell für die Musikübertragungen ein verbessertes Kohlegrießmikrofon entwickelt, das den Edison-Modellen der Bell-Telefone deutlich überlegen war.

Jenes »Théâtrophone« nahm im Sommer 1890 tatsächlich pünktlich seinen kommerziellen Betrieb auf. Was es seinen Abonnenten, die mit einer eigenen Theatrofon-Box ausgestattet wurden, bot, war spektakulär: Von Beginn an konnte der Kunde zwischen verschiedenen, parallel übertragenen Bühnenereignissen wählen. Es war der Beginn einer bis 1932 anhaltenden, erst durch das Radio beendeten Erfolgsgeschichte.

Bis dahin aber blieb das Telefon in einer wachsenden Zahl von Metropolen und später sogar kleineren Städten genau das: eine Art Kabel-Radio.

Und zwar mit wachsendem Programmangebot. Abends gab es Übertragungen von den Bühnen der Stadt, während tagsüber elektrische Walzen-Pianos erbauliche Melodien klimperten. Schon bald baute man das Angebot zudem mit Nachrichten-Bulletins aus, mit denen man zunächst die Theaterpausen füllte, bald aber zu festen Zeiten die Nachrichtenfans versorgte.

Das Theatrofon demonstrierte somit auch das Potenzial von Telefonzeitungen, wie sie schon bald entstehen sollten. Beim berühmten Telefon Hirmondó, das 1893 von Tivadar Puskás in Budapest begründet wurde und mit seiner Programmvielfalt neue Maßstäbe setzte, begannen sich die Gewichtungen zwischen Entertainment und informatorischen Angeboten erstmals merklich zu verändern. Hirmondó schaffte es bis in die 1920er Jahre, mit News und Börsennachrichten, Konzerten und Musik-, aber auch Bildungsangeboten zahlreiche Kunden zu finden, bevor es am Ende seine Ausstrahlungen vom Kabel auf den Äther verlagerte.

**Theatrofon-Box:**
Die Erfindung von *music on demand* mit Münzeinwurf. Neben Heimanlagen wurden auch öffentliche Boxen vermarktet – ein genial flexibles Konzept, das zumindest ab und zu Musikgenuss auch in weniger vermögenden Kreise ermöglichte

Wirtschaftlich gesehen agierte das Pariser Theatrofon jedoch pragmatischer als Hirmondó: Clément Ader hatte seine Theatrofon-Box als Münzapparat konzipiert, was eine Nutzung sowohl im eigenen Haus als auch im öffentlichen Raum ermöglichte. Vor allem aber hatte der Kunde das Gefühl, wirklich nur für das zu zahlen, was er konsumierte: Der Münzeinwurf setzte einen Uhr-Mechanismus in Gang, der den Apparat für eine gesetzte Zeit freischaltete.

Hirmondó hingegen verlangte eine monatliche Abo-Gebühr. Der Wettbewerb zwischen diesen beiden Grundkonzepten besteht auch heute noch bei Musik-Internetdiensten.

Die neuen Telefon-Entertainmentdienste waren nicht billig, jedoch immer noch billiger als die Teilnahme an den übertragenen Events. Dadurch konnten erstmalig solche Leute in derartige Veranstaltungen hineinlauschen, die sich den Eintritt nicht oder nur selten leisten konnten, was manchen Fachmann ganz besonders zum Schwärmen brachte. Der britische Journalist Arthur Mee etwa widmete dem »Pleasure Telephone« im journalistisch-literarischen *The Strand Magazine* – berühmt als Publikationsplattform, die Conan Doyles Sherlock-Holmes-Storys populär gemacht hatte – vom September 1898 einen wahren Lobgesang: Selbst Edward Bellamy, der in *Looking Backward* doch solch spektakuläre musikalische Telefondienstleistungen erträumt habe, müsse wohl verblüfft darüber sein, in welchem Maße die Realität seine Visionen überholen werde, noch »bevor die Morgenröte des 20. Jahrhunderts anbricht«. Mees Begeisterung wurde vor allem vom Telefon Hirmondó und nicht so sehr vom entertainmentzentrierten Theatrophon aus Paris geweckt.

Denn obwohl Theater- und Konzertübertragungen attraktiv schienen, war es der freie Zugang zu Nachrichten und Wissen bis hin zu den Börsenkursen und Pferderennbahn-Ergebnissen, dem er höchste Wichtigkeit beimaß. Mee schrieb:

*Es wird Millionen froh machen, die nie zuvor froh waren, und es wird viele der sozialen Luxusgüter der Reichen demokratisieren, wenn man das so sagen kann. Diejenigen, denen das Umfeld der Bühne nicht genehm ist, können das Theater zu Hause genießen, und auf populäre Konzerte werden sich die Armen in gleicher Weise freuen wie ihre reichen Nachbarn. Die bescheidenste Hütte wird der Stadt nah sein, und die private Leitung wird alle Klassen zu Verwandten machen.*

Man ist versucht, sich eine Träne der Rührung aus dem Augenwinkel zu tupfen. Doch Zynismus beiseite: Wir wissen heute, dass das Telefon die Menschheit nicht zu einer Familie egalitär gebildeter Freunde und Brüder gemacht hat. Diese Euphorie und Hoffnung ist uns bestens bekannt. Sie erinnert an die orgiastischen, oft mit quasi religiösem Eifer verbundenen Lobgesänge auf die demokratisierende Kraft des Internets, das das Wissen der Welt erschließen soll, die wir seit 1995 hören.

Die gleiche hoffnungsvolle Vision hatte man für das Medium, das Ende der 1920er Jahre die Telefon-Entertainment- und Nachrichtenprogramme verdrängte – das Radio. »Der Rundfunk«, hatte dazu Bertold Brecht geschrieben, »wäre der denkbar großartigste Kommunikationsapparat des öffentlichen Lebens, ein ungeheures Kanalsystem, das heißt, er wäre es, wenn er es verstünde, nicht nur auszusenden, sondern auch zu empfangen, also den Zuhörer nicht nur hören, sondern auch sprechen zu machen und ihn nicht zu isolieren, sondern ihn auch in Beziehung zu setzen.«

Das ist einerseits eine ähnlich schwärmerische Utopie wie Mee sie 1898 äußerte. Andererseits liegt ihr die Erkenntnis zugrunde, dass die Dinge durchaus nicht so sind, sondern so sein könnten, wenn man die Technik anders einsetzte. Brecht hatte auch Folgendes geschrieben:

*Man hatte plötzlich die Möglichkeit, allen alles zu sagen, aber man hatte, wenn man es sich überlegte, nichts zu sagen. {...} Ein Mann, der was zu sagen hat und keine Zuhörer findet, ist schlimm daran. Noch schlimmer sind Zuhörer daran, die keinen finden, der ihnen etwas zu sagen hat.*

Und nein: Brecht kannte Twitter nicht.

# UHR WECKT SCHLÄFER MIT MUSIK

Der heftige Hass, den die Menschheit vor allem in den Stunden des frühen Morgens für den Wecker hegt, mag von einer neuen Erfindung gemildert werden, die ihn mit einem Phonographen kombiniert und den Schläfer mit der Musik seines Lieblings-orchesters oder -sängers weckt.

Sowohl Phonograph als auch Wecker sind in einem Kasten von der Größe einer Kamera enthalten, und die Stunde für die morgendliche Serenade wird wie bei jedem Wecker über einen Knopf eingestellt. Wird er nicht gebraucht, klappt man den Kasten zu und hat dann einen hübschen und attraktiven Schmuck für den Tisch oder das Kaminsims.

(*Modern Mechanics*, Oktober 1931)

Phonograph mit eingebautem Wecker: Modernste Technik, elegantes Design – was will man mehr am frühen Morgen?

## Klasse statt Masse: Was der Spaß kostete

Neben den großen, weltweit für Schlagzeilen sorgenden Musikdiensten mit umfassendem Live-Programm entstanden nach dem Jahrhundertwechsel immer mehr lokale Angebote, die mit niedrigerem Aufwand versuchten, am Boom des Telefon-Entertainment mitzuverdienen. Die Infrastruktur, gewachsen über mittlerweile satte 20 Jahre, war vorhanden. Auch die Apparate hatten sich verändert, waren nun so leicht zu bedienen, dass dies »jeder Vierjährige« könne, wie die US-Fachzeitschrift *Telephony* in einer Ausgabe von 1908 argumentierte: »Die Kinder weinen, weil sie eines wollen.«

Immer mehr Interessenten konnten sich das leisten – wobei man hier keineswegs von Massen sprechen kann. Der Abopreis des Londoner Electrophone-Services – ein Klon des Pariser Theatrophon – fiel von 1895 bis 1901 auf etwas weniger als ein Viertel seiner ursprünglichen Höhe. Trotzdem blieben solche Angebote gerade in England natürlich der privilegierten, vermögenden Klasse vorbehalten: Auf die heutige Zeit übertragen kostete der Londoner Service 1901 circa 320 Euro im Jahr, 1895 hatten die Betreiber noch umgerechnet rund 1300 Euro pro Jahr verlangt.

Geldwerte sind jedoch relativ. Der jährliche Abopreis von fünf Pfund entsprach etwa drei Monatslöhnen eines Hausdieners. Und das zusätzlich zu den 20 Pfund, die allein der Telefonanschluss kostete. Wer also auf ein Telefon plus Bespaßungsprogramm verzichtete, konnte sich für das gleiche Geld einen Diener leisten. Das ist in etwa so, als kostete uns der Vertrag für das iPhone heute gut 40.000 Euro im Jahr (Versicherung und Sozialabgaben inklusive).

Man kann sich vorstellen, wie hoch der Prestigewert solcher Services gewesen sein muss. Wollte man bei seinen Besuchern damit angeben, musste man sogar noch tiefer in die Tasche greifen: Im Abopreis inbegriffen waren zwei Hörsets (der Kopfhörer war noch nicht erfunden, man lauschte beidhändig), für jedes weitere Set zahlte man zusätzlich ein Pfund pro Monat.

Zumindest das private Telefon blieb also ein teurer Spaß. Es sollte noch rund 50 Jahre dauern, bis es in Angestellten- und Arbeiterhaushalten in nennenswerter Zahl Einzug hielt – in Deutschland sogar bis zu den 1970er Jahren. Trotzdem: Auf über 2000 Abonnenten kam der Londoner Service schon Anfang des 20. Jahrhunderts, eine enorme Zahl für die damalige Zeit. Wer Geld hatte, leistete sich offenbar ein Telefon – und das Entertainment-Paket dazu.

Weiterhin waren Hörsäle im öffentlichen Raum die effektivste Werbung für die Musikdienste. Wie in Paris gab es auch in London, Birmingham und Manchester öffentliche Entertainment-Boxen mit Münzeinwurf. Electrophone begann 1901 zudem damit, Krankenhäuser kostenfrei mit seinen Apparaten auszurüsten. Patienten, die sich einmal daran gewöhnt hatten, so das Kalkül, würden das Programm auch Zuhause nicht mehr missen wollen.

## Spätstart in den USA

Das hatten zahlreiche Fachleute und Journalisten auch für die USA erwartet. Bellamys *Looking Backward* hatte die Idee des Telefon-Entertainment-Service dort schließlich äußerst populär gemacht. Experimentelle und Event-gebundene Dienste hatte es bereits genug gegeben. In kaum einem anderen Land war das öffentliche Interesse am Thema lebhafter, wurde mehr darüber berichtet. Doch egal in wie vielen Artikeln die Experten beschworen, wie nötig Amerika ein solches Nachrichten- und Unterhaltungssystem habe, es preschte niemand vor. Die ökonomische Seite des Ganzen war einfach zu schwierig: Nicht nur Amerikas Geografie, sondern vor allem eine völlig andere Sozialstruktur bremsten die Entwicklung. Es existierte schlicht nicht genügend Nachfrage nach einem kostenpflichtigen Draht-Radio für finanziell Privilegierte. Musik per Telefon war für viele interessant, aber für viel zu wenige auch finanzierbar. Erst mussten die Preise weiter fallen.

1906 versuchte James F. Land in Detroit, dem europäischen Beispiel nachzueifern. Er war sich so sicher, dass das Hirmondó-Konzept auch in den USA greifen würde, dass er seinen Job im Management der größten Telefonfirma von Michigan aufgab, um seinen persönlichen Telefon-Entertainment-Traum wahr zu machen. Er scheiterte, 1909 war er pleite, und seine Firma »Tellevent«, die es nie über Ankündigungen und Demonstrationen hinaus gebracht hatte, verschwand von der Bildfläche.

Eine erste große Telefon-Zeitung mit eigener Redak-

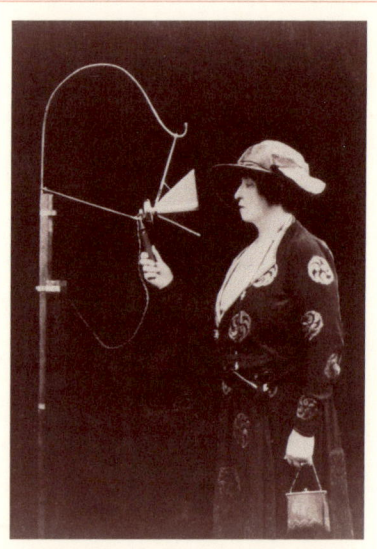

Stimmkräftig: 1920 sang die Sopranistin Nellie Melba über das neu erfundene Radio so mächtig, das die Behörden die Übertragung wegen Interferenzen mit anderen Sendern abbrachen

tion, live vorgetragenen Nachrichten und Gastkünstlern, die im Studio Arien sangen, entstand bald darauf im Januar 1910 als Ausgründung des einflussreichen *New York Herald*, dessen Auslandsausgabe bis heute unter dem Titel *International Herald Tribune* fortgeführt wird. Man begrenzte das finanzielle Risiko, indem man die Telefon-Zeitung als eigenständige Firma aus dem Verlag auskoppelte. Manley M. Gillam aus dem Verlagsmanagement zeichnete verantwortlich für die mit einem für damalige Verhältnisse satten Stammkapital von 100.000 Dollar auf den Weg geschickte Neugründung. Und Gillam brauchte Geld, denn die Pläne hätten ambitionierter kaum sein können. Schon bis zum Folgejahr sollte der *Telephone Herald* nicht nur New York erobern, sondern gleich mehrere große Städte im ganzen Land.

Vorerst wurde es Newark, New Jersey – versuchsweise. Wieder reagierte die Presse enthusiastisch, genauso wie die Kundschaft, die man mit zwei Attributen beschreiben kann: begeistert, aber klein.

Gillam versuchte es trotzdem weiter. Noch 1911 begann der Aufbau weiterer Redaktionen und Dienste in anderen Städten, bis hinüber nach Kalifornien an der Westküste Amerikas. Sie alle hatten eines gemeinsam: Sie kamen über die Aufbauphase nicht hinaus. Im Herbst 1912 verhallten die ambitionierten Telefonservices der Herald-Gruppe irgendwo im analogen Telefon-Nirvana.

Viel bescheidener und weniger beachtet, dafür aber zeitweise deutlich erfolgreicher hatte es ab 1909 in Wilmington, Delaware, der Unternehmer George E. Webb mit einer Low-Price-Variante der Bellamy-Vision vom Musikabruf on demand versucht. Sein Tel-Musici-Service glich einem Wunschkonzert gegen Zahlung: Der Kunde rief an und verlangte entweder nach einem bestimmten Programm (analog zu einem Radioprogramm) oder – gegen Aufpreis – sogar nach einem bestimmten Stück. Am anderen Ende warf daraufhin eine Servicemitarbeiterin die entsprechende Schallplatte – sofern vorhanden – auf ein Grammofon und verband den zahlenden Kunden mit dem Plattenspieler.

Daneben bot Tel-Musici auch ein reguläres Programm, das mit Hilfe von Zeitungsanzeigen beworben wurde. Aus dem Jahr 1914 ist eine solche Anzeige erhalten, die für ein Wochenende ein eineinhalbstündiges Programm mit Tanzmusik ankündigt, für das man sich schon vorab einbuchen konnte – klar, die Zahl der parallel bespielbaren Slots war begrenzt. Ähnlich wie heute bei den Audioservices auf Urlaubsflügen wählte man sich ein – und verlangte dann beispielsweise »Kanal 4«.

Webbs Tel-Musici blieb natürlich ein Unternehmen von überschaubarer Größe. Fotos aus dem »Music Room« zeigen aber, dass das Geschäft gut genug gelaufen sein muss, um rund zehn Damen emsig beschäftigt zu halten – als Telefonistinnen die einen, als Plattenauflegerinnen die anderen. Tel-Musici scheint über vier bis fünf solche DJ-Desks verfügt zu haben, um parallel mehrere Programme oder Wünsche bedienen zu können. Man muss sich wohl vorstellen, dass der Music Room kein sonderlich leiser Arbeitsplatz gewesen sein kann – vier bis fünf Grammophone, die zeitgleich unterschiedliche Musik in den Raum dudelten, dürften sich zu einer satten Kakophonie summiert haben.

Für die Kunden war der Spaß vergleichsweise preiswert. Ein Musikstück kostete drei Cent Gebühr, eine ganze Oper sieben Cent. Eine Abo-Gebühr gab es nicht, doch verpflichtete sich der Kunde zu einem Mindestumsatz von 18 Dollar im Jahr. Alternativ bot Webb Business-Services an, die es Telefonnetzbetreibern möglich machten, den Musikdienst gegen Provision im eigenen Namen zu vermarkten.

Im Vergleich zu den Preisen der großstädtischen Services war das beinahe Dumping – ein Geschäft nach dem Discounter-Modell. Über die ersten zwei Jahre, berichtete Ende 1909 die Fachzeitschrift *Telephony*, gewann Tel-Musici kontinuierlich Kunden (80 in einem Jahr!) und verlor dabei keinen einzigen. Trotz der niedrigen Gebühren blieben angeblich auch Gewinne hängen, die so groß aber nicht gewesen sein können: Nach 1911 verliert sich die Spur

Der »Music Room« in Wilmington: Fünf Kanäle parallel – und im Raum auch genau so lautstark zu hören

von Tel-Musici. Gründer Webb hatte zwischenzeitlich in einen vergleichbaren Service in New York investiert, der bis 1913 ebenfalls das Zeitliche segnete.

Radio per Draht war kein gutes Geschäftsmodell in dem Land, in dem das Kabelfernsehen später erfolgreicher sein sollte als in jedem anderen Land der Erde. Euphorie ist eben eine Sache, Zahlungsbereitschaft eine andere.

Die letzten Musikdienste für den Telefonhörer gab es in Deutschland in den 1980er Jahren. Damals bot die Post – aus der später Post und Telekom hervorgehen sollten – als Teil ihrer hochpreisigen Servicenummern ein Hineinschnuppern in die aktuellen Charts sowie Platten-Neuerscheinungen an. Vor der Einführung des WWW war das die schnellste Möglichkeit, herauszufinden, wie ein im Radio gehörtes Lied wohl heißen mag – und bei welchem Betrag auf der Telefonrechnung den Eltern die Hutschnur riss.

# HI-FI 1889

Die 1881 erstmals öffentlich vorgestellte Ader-Telefontechnik zur Übertragung von Musik wurde 1889 auf einer weiteren Technologiemesse in Paris erneut demonstriert – in bemerkenswert weiterentwickelter Form. Die Fachpresse berichtete weltweit, der *Scientific American* übernahm einen Bericht von *La Natura*.

Bei dem neuen Aufbau gelang es, die von vier Musikern in ihre Mikrofone gesummte Musik über eine erhebliche Strecke zu übertragen und dann – Sensation! – über an Trompeten erinnernde Lautsprecher-Hörner für alle hörbar wiederzugeben. Damit wurde die telefonische Musikübertragung für ein frei im

Technischer Durchbruch: Die Liveübertragung von gleich vier Trompeten simulierenden Musikern. Ein Ohrenschmaus …

Raum stehendes Publikum genießbar gemacht, ohne dass jeder einen Hörer an sein Ohr hätte drücken müssen – ein wahrer Durchbruch.

Da kann man es den Redakteuren wahrlich kaum übel nehmen, dass sie ob solcher Fortschritte ein wenig in Ekstase gerieten und eine kühne Prognose wagten: In Anbetracht der überraschenden Qualität der Übertragung – tontechnisch zumindest, das Musikalische wollten sie nicht beurteilen – sei es nun sogar vorstellbar, dass »eine Zeit kommen mag, in der man Sprache mit ähnlicher Intensität über Entfernungen transportieren« könne wie heute die Trompetentöne.

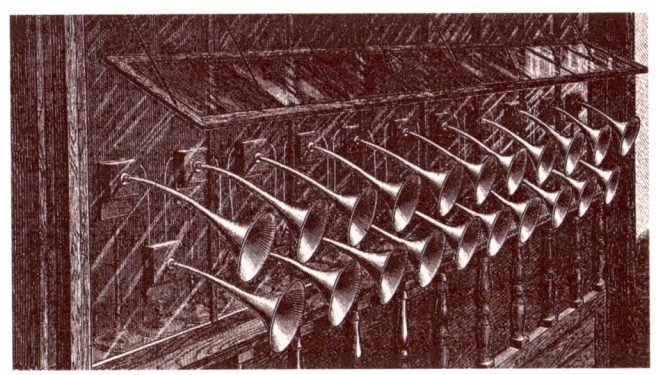

... den man 1889 erstmals live und ohne Hörer genießen konnte! Die Lautsprecher sahen noch aus wie Trompeten, aber so klang das ja auch

# 3 MOBILITÄT

## Konkurrierende Konzepte: Was heißt hier eigentlich Auto?

Über wirklich geniale Köpfe sagt man gern, sie seien ihrer Zeit voraus. Mitunter kann man das wörtlich nehmen: Der Achtungserfolg, mit dem die Karriere des jungen österreichisch-deutschen Ingenieurs Ferdinand Porsche (1875–1951) begann, zeigt das mehr als deutlich. Im Alter von 21 Jahren begann Porsche, sich mit einer neuen Technik auseinanderzusetzen, die sich gerade anzuschicken schien, die automobile Fortbewegung von Grund auf zu revolutionieren.

Gemeint ist natürlich das Elektroauto und ab 1902 auch dessen flexibler Bruder, das Hybridfahrzeug. Und nein, ich verschätze mich nicht um 100 Jahre: Die aktuelle Diskussion um die beste, ökonomischste Antriebstechnik für Autos hat es tatsächlich schon einmal gegeben. Dass Elektrizität während des Fin de Siècle, des ausgehenden 19. Jahrhunderts also, eine große Rolle spielte, ist kaum überraschend – Strom wurde zur damaligen Zeit mit mehr Euphorie diskutiert als irgendetwas sonst.

Verblüffend daran ist heute nicht nur, dass Porsches grundlegendes Konzept eines Hybridwagens, der 1902 als »Mixte« gebaut wurde, dem Konzept heutiger Hybridfahrzeuge wie etwa dem Opel Ampera frappant ähnelt. Verblüffend ist vor allem, dass Elektroautos damals schon eine Geschichte hatten, Porsche demzufolge auf Technologien andocken konnte, die bereits bereitstanden.

Schon 1882 hatte der Franzose Charles Jeantaud das erste Elektro-
automobil gebaut – was wie bei den meisten frühen Verbrennungs-
motorwagen einer Kutsche mit Motor entsprach. Damit liegt
die Erfindung des Elektroautomobils immerhin drei Jahre vor der
Konstruktion der ersten Benzin-Motorwagen durch Daimler und
Benz. In den Jahren bis zur Jahrhundertwende sollten beide Motor-
konzepte in zahlreichen Fahrzeugtypen verbaut werden – und den
eigentlich etablierten Motoren der Zeit zunehmend Konkurrenz
machen. Heute ist »Automobil« fast Synonym für »Benzinfahr-
zeug«, doch das ist irreführend. Gemeint ist damit lediglich ein
Wagen, der sich aus eigener Kraft fortbewegt. Das Wort stammt
vom französischen »voiture automobile« – und damit war Ende
des 19. Jahrhunderts eine pressluftgetriebene Straßenbahn gemeint. Die ersten Automobile aber waren von ganz anderer Bauart.

## Volldampf – Die Anfänge

Bereits seit Beginn des 19. Jahrhunderts bewegten sich dampfbetriebene Fahrzeuge nicht nur über Schienen, sondern in stetig stei-
gender Zahl auch über die Straßen der technisierten Welt. In unserer Benzin- und Öl-fixierten Zeit wird das meist vergessen. Das
19. Jahrhundert brachte etliche Automobil-Konzepte hervor, von
denen das heute dominante – vier Räder, geschlossenes Chassis,
Benzin- oder Diesel-Verbrennungsmotor – nur eines von vielen war.

Schon 1769 hatte Nicholas Cugnot in Frankreich ein vom
Militär in Auftrag gegebenes dampfbetriebenes Straßenfahrzeug
vorgestellt, dessen Bestimmung er vor allem als Artillerie-Zug-
maschine sah.

Das Projekt scheiterte an einem klitzekleinen Konstruktions-
fehler: Angeblich bei einer Demonstrationsfahrt vor dem französischen Verteidigungsminister landete Cugnots zwar nur weniger

als 5 km/h schnelles, dafür aber 4 Tonnen schweres Gefährt in einer Kasernenmauer und riss diese erfolgreich nieder. Cugnot hatte an vieles gedacht, nur nicht daran, seinen selbstfahrenden Wagen mit einer Bremse auszustatten. Weil das Monstrum zudem extrem vorderlastig und schwer zu steuern war, wurde das Projekt beerdigt.

Cugnots verwunderliches Scheitern – der Mann kam aus den Mittelgebirgs-Regionen Lothringens, die Notwendigkeit von Bremsen hätte ihm da durchaus bewusst sein dürfen – bremste die Entwicklung zwar einige Jahre aus, aufzuhalten war sie aber nicht. Längst lag sie in der Luft!

So berichtete der *Leeds Mercury* am 11. April 1769 über die Maschine eines Herrn Moore. Jener versuchte, sich ein Patent zu sichern für ein Vehikel, das nicht nur ohne Pferde in Gang gesetzt werden, sondern auch für die Arbeit auf dem Felde einsetzbar sein sollte – ein Traktor? Der Bericht blieb unbestätigt und anekdotenhaft, Moores wohl auf Dampfkraft basierendes Fahrzeug ein der Nachwelt nicht erhalten gebliebener Prototyp.

Auch in Frankreich ging die Tüftelei an fahrbaren Untersätzen mit Dampfantrieb weiter, wenn auch nun nicht länger vom Kriegsministerium finanziert. In technologischer Hinsicht die Nase vorn sollte für die nächsten Jahrzehnte aber eine andere Nation haben: An der Wende vom 18. zum 19. Jahrhundert begann sich England zur Hochburg jeglicher Form von Hightech zu entwickeln.

Parallel zum Aufbau der ersten Eisenbahnnetze entstand dort auch eine Fertigung von Dampf-Straßenwagen, die meist Omnibus-Charakter hatten – was wäre naheliegender gewesen?

Schon 1801 demonstrierte der Ingenieur Richard Trevithick, dass man einen Dampfwagen über ganz normale Straßen bewegen konnte, also keine Schienen dafür nötig waren: Seinem »Puffing Devil« fehlte es allerdings an Stamina, mehr als ein paar Hundert Meter schaffte er nicht auf seiner öffentlichen Versuchsfahrt.

Das historische Ereignis feierten Trevithick und seine Fans gebührend in einer Kneipe am Straßenrand, den Dampfwagen hatten sie in der dazugehörigen Scheune abgestellt. Dadurch gelang außerdem der Beweis, dass sich Scheunen nicht als Garagen eignen, dass man für die neue Art Vehikel also eigene Unterstände brauchte: Der noch glühende Kessel entzündete das Heu in der Scheune, die daraufhin vollständig abbrannte – von Trevithicks epochalem Meilenstein der Verkehrsgeschichte blieb so nur Schrott übrig.

Den Pionier konnte das nicht entmutigen, Trevithick arbeitete weiter und verbesserte seine Dampfkessel.

## Vor dem PKW kamen Bus und Taxi

Bereits 1803 wurde er der erste Betreiber eines pferdelosen Transportdienstes in London: Seine London Steam Carriage wurde zum ersten auf den Passagiertransport ausgelegten Automobil – die Mutter aller Taxis oder Busse, wenn man so will. Das Vehikel transportierte bis zu acht Fahrgäste und erreichte auf den Stadtstraßen immerhin bis zu 15 Kilometer pro Stunde.

Die Strecke, die Trevithick damit befuhr, war festgelegt, weil man die benutzten Straßen aus Sicherheitsgründen für den restlichen Verkehr sperrte. Über zehn Meilen ging die Fahrt, von Holborn bis Paddington und zurück. Der Nachweis, dass Fahrzeuge mit eigenem Antrieb auf normalen

Richard Trevithicks Ur-Auto von 1801: nach der Jungfernfahrt versehentlich verbrannt

Straßen zuverlässig für den Transport von Gütern und Menschen eingesetzt werden konnten, galt damit in technischer Hinsicht als erbracht.

Wirtschaftlich sah das anders aus. Nach wenig mehr als einem halben Jahr (diverse Quellen nennen hier sowohl sechs als auch acht Monate) war es vorbei mit der Dampftaxi-Herrlichkeit: Der Bau des fast zwei Tonnen schweren Fahrzeugs hatte Trevithicks finanzielle Ressourcen aufgefressen und der Fahrtbetrieb das noch nicht wieder eingebracht, als Trevithick mit der Steam Carriage eine Mauer touchierte.

Die Reparatur konnte er nicht bezahlen, neue Investoren fand er nicht. Trevithick verabschiedete sich pleite und frustriert von der Automobilentwicklung – und widmete sich von da an mit Verve und Geschick dem Bau von Lokomotiven. Leider wiederholte sich der seltsame Mix aus Pioniertaten und Misserfolg auch dort: 1804 stellte eine von ihm gebaute Lokomotive, die wohl leistungsfähigste ihrer Zeit, einen Weltrekord auf, als sie zehn Tonnen Last bewegte.

Der Minenbetreiber, auf dessen Anlage der sensationelle Versuch stattfand, stellte danach allerdings wieder auf von Pferden gezogene Loren um: Die Schienen waren unter der Last von Lokomotive und Ladung gebrochen – Transport per Maschine schien also immer noch mehr Schaden zu verursachen als Nutzen zu bringen.

Trevithick, der sich nach seinen prinzipiell frustrierenden Ingenieurs-Großtaten noch als Abenteurer und Entdecker versuchte, starb 1833 völlig mittellos. Seine Verdienste sollten den Menschen erst sehr viel später wieder in den Sinn kommen. Heute erinnern mehrere Denkmäler an ihn und auch die London Steam Carriage, von der es seit 2003 eine fahrfähige Replika gibt, die regelmäßig auf Dampfwagen- und Oldiefesten in England zu bewundern ist. Mit schlappen drei PS bringt es das fast zwei Tonnen schwere Gefährt auf knapp unter 15 Kilometer pro Stunde – wie bereits 1803.

Trevithicks Versuche inspirierten in den Folgejahren zahlreiche Experimente und Demonstrationen, die international Beachtung fanden. In den 20er Jahren des 19. Jahrhunderts waren die Entwickler so weit, »Straßenzüge«, Dampfkutschen und Dampfwagen mit oder ohne angehängtem »Omnibus« auf reguläre Fahrten zu schicken. Dampfwagen-Manufakturen entstanden nicht nur in Großbritannien, sondern auch in Deutschland, Frankreich und den USA. Nach Plan fahrende Omnibus-Verbindungen mit Dampfkutschen für bis zu 26 Passagiere nahmen ihren Betrieb Anfang des zweiten Jahrzehnts des neuen Jahrhunderts in Schottland auf.

Dort kam es 1834 dann auch zum wahrscheinlich ersten dokumentierten Unfall eines Automobils mit Todesfolge – die Presse berichtete international. In Deutschland empörte sich das *Polytechnische Journal* geradezu darüber, dass der Unfall drohe, den automobilen Fortschritt zu bremsen:

*Dagegen verunglückte einer der Dampfwagen des Hrn. Russel, welche, wie wir schon früher anzeigten, bereits längere Zeit zwischen Glasgow und Paisley fuhren. Es brach nämlich ein Rad, der Wagen fiel um, und dadurch zersprang auch der Kessel, wodurch fünf Menschen ums Leben kamen. Der Gerichtshof hat in Folge dieses Unfalles weitere Fahrten mit Dampfwagen zwischen Glasgow und Paisley wenigstens einstweilen verboten!*

Einstweilen, denn stoppen ließ sich die Entwicklung nicht. Immer mehr Personentransportlinien nahmen in den 1930er Jahren ihren Dienst auf, inzwischen fanden bis zu 50 Personen in den Vehikeln Platz. Unfälle waren selten, und doch herrschte eine große Angst vor der Gefahr explodierender Kessel: Aus heute nicht mehr nachvollziehbaren Gründen sprach es sich erst zehn Jahre nach der

Erfindung von Entlastungsventilen in Frankreich auch in Großbritannien herum, dass sich das Problem auf solch einfache Art und Weise lösen lässt. Irgendwann bekam auch Großbritannien von diesen Ventilen Wind, und so sah sich der Ingenieur und Buslinienbetreiber Sir Goldsworthy Gurney genötigt, sich lang und breit in der Presse dafür rechtfertigen zu müssen, dass einer seiner Dampfwagen trotzdem explodierte.

Das, so Gurney, habe daran gelegen, dass die Kiste zur Reparatur bei einem Mechaniker gestanden hätte und Bauteile – unter anderem ein Sicherheitsventil – abmontiert worden waren. Unautorisierte Personen hätten anschließend versucht, das Fahrzeug ohne hinreichende Sachkenntnis wieder zusammenzusetzen und damit eine Spritztour zu machen. Der Wagen flog seinen Kidnappern natürlich um die Ohren.

Die Angst vor dem Big Bang war zumindest verständlich. Sollte es zum Gau kommen, dann würde er es in sich haben, wie ein auf Nachrichten von *Liverpool Chronicle* und *Manchester Times* basierender Bericht des *Journal* 1834 höchst anschaulich darstellte:

*Man bemerkte nämlich nach einer Fahrt von 1 1/4 Meile, daß die Pumpen nicht mit gehöriger Leichtigkeit arbeiteten, und daß das Wasser im Kessel ziemlich tief gesunken war; man hielt die Maschine zwar an, und füllte den Kessel wieder; allein diese Vorsichtsmaßregeln scheinen doch nicht hinreichend gewesen zu seyn, denn der Wagen hatte kaum eine größere Streke auf dem Heimwege zurükgelegt, als eine der Kesselröhren nachgab. Die Folge hiervon war, daß der Dampf in den Feuerbehälter drang, und denselben mit einer lauten Explosion zersprengte. Von den Personen, die die Probefahrt mitmachten, wurde keine einzige beschädigt; einer der Maschinisten wurde aber etwas gebrüht, ein vorübergehender Fußgänger wurde an einen Laternpfosten geschleudert, und die Fenster in den benachbarten Kaufläden und Häusern wurden von den herausgeschleuderten Kohks großen Theils eingeschlagen.*

# DIE TROCKENLEGUNG DER NORDSEE

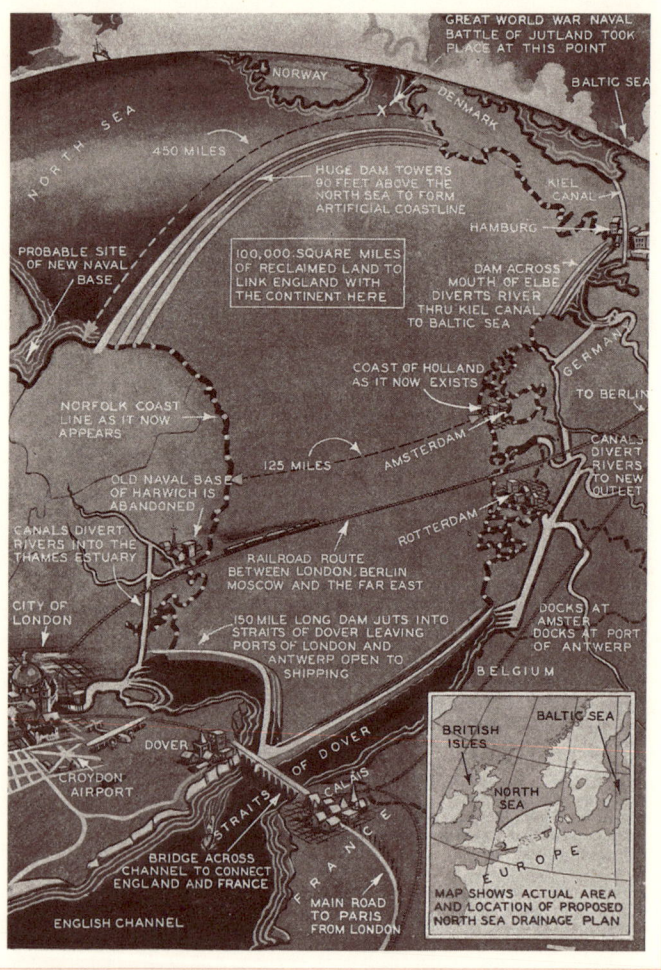

GREAT WORLD WAR NAVAL
BATTLE OF JUTLAND TOOK
PLACE AT THIS POINT

BALTIC SEA

NORWAY

DENMARK

NORTH SEA

450 MILES

KIEL CANAL

HUGE DAM TOWERS
90 FEET ABOVE THE
NORTH SEA TO FORM
ARTIFICIAL COASTLINE

HAMBURG

PROBABLE SITE
OF NEW NAVAL
BASE

100,000 SQUARE MILES
OF RECLAIMED LAND TO
LINK ENGLAND WITH
THE CONTINENT HERE

DAM ACROSS
MOUTH OF ELBE
DIVERTS RIVER
THRU KIEL CANAL
TO BALTIC SEA

COAST OF HOLLAND
AS IT NOW EXISTS

GERMANY

TO BERLIN

NORFOLK COAST
LINE AS IT NOW
APPEARS

125 MILES

AMSTERDAM

CANALS
DIVERT
RIVERS
TO NEW
OUTLET

OLD NAVAL BASE
OF HARWICH IS
ABANDONED

CANALS DIVERT
RIVERS INTO THE
THAMES ESTUARY

RAILROAD ROUTE
BETWEEN LONDON, BERLIN
MOSCOW AND THE FAR EAST

ROTTERDAM

CITY OF
LONDON

150 MILE LONG DAM JUTS INTO
STRAITS OF DOVER LEAVING
PORTS OF LONDON AND
ANTWERP OPEN TO
SHIPPING

DOCKS AT
AMSTER
DOCKS AT PORT
OF ANTWERP

BELGIUM

DOVER

STRAITS OF DOVER

CALAIS

BRITISH
ISLES

BALTIC SEA

NORTH
SEA

CROYDON
AIRPORT

EUROPE

FRANCE

BRIDGE ACROSS
CHANNEL TO CONNECT
ENGLAND AND FRANCE

MAP SHOWS ACTUAL AREA
AND LOCATION OF PROPOSED
NORTH SEA DRAINAGE PLAN

ENGLISH CHANNEL

MAIN ROAD
TO PARIS
FROM LONDON

Die ersten Jahrzehnte des 20. Jahrhunderts waren von einem heute größenwahnsinnig erscheinenden Machbarkeitswahn gezeichnet. Technik schien selbst die Neugestaltung der Landmassen der Erde möglich zu machen. Ende der 20er Jahre begannen die Niederländer, die Zuiderzee mit einem gewaltigen Damm von der Nordsee zu trennen. Bis 1932 schufen sie so nicht nur erfolgreich das rund 1.100 km² große Ijsselmeer, sondern trotzten dem Meer auch noch die 1.417 km² große, neue Provinz Flevoland ab. Man sah also: Es geht!

Ein Wahnsinnsprojekt, das offenbar den Ehrgeiz der noch wahnsinnigeren Nachbarschaft herausforderte. Zwischen Februar 1930 und November 1932 machten weltweit Berichte die Runde, dass »Wissenschaftler« planten, die Nordsee komplett trocken zu legen. Auch das klang ja wie ein guter Plan.

Um 100.000 Quadratmeilen, berichtete im September 1930 die Modern Mechanics, sollte Europa wachsen: »Das dadurch gewonnene Land wird mit riesigen Deichen eingefasst werden, um es vor der See zu schützen, und den Lauf der vielen in die Nordsee mündenden Flüsse wird man mithilfe von Kanälen umleiten.« Wenn's weiter nichts ist.

Die US-Zeitschrift behauptete, britische Wissenschaftler hätten sich den tollen Plan ausgedacht. In der britischen Presse waren es hingegen Deutsche, die sich da als Landdiebe betätigen wollten – wie auch die australische *Canberra Times* im Februar 1930 und die *Berliner Gazette* zwei Jahre später berichteten.

Seltsam? Ein Hirngespinst, eine langlebige Zeitungsente auf weltumrundender Tour?

Möglich, verlässliche Quellen fehlen. Dass aber solche und noch weit gewagtere Projekte angedacht wurden, ist gesichert: Das wohl gewagteste war der Plan des deutschen Architekten Herman Sörgel. Dem lag es fern, sich mit Kleinkram wie der Nordsee aufzuhalten: »Atlantropa« sollte der neue Verbundkontinent heißen, der durch teilweise Trockenlegung des Mittelmeeres aus Europa und Afrika entstehen sollte. Das überschüssige Wasser sollte nach erfolgter Entsalzung dazu dienen, die Sahara in eine blühende Landschaft zu verwandeln. Sörgel arbeitete mindestens vierundzwanzig Jahre an dem aus heutiger Sicht doch eher selbstbewussten, wenn nicht gar einweisungswürdigen Plan und fand auch zahlreiche prominente Unterstützer.

Anfang der 30er bekam die Welt allerdings ein paar drängendere Problemchen: Die Weltwirtschaftskrise machte es unwahrscheinlich, dass Sörgel die geschätzt sechs Milliarden Dollar (25 Milliarden Reichsmark, der heutige Vergleichswert liegt bei mindestens 700 Milliarden Dollar) würde aufbringen können. Der Traum von Atlantropa endete erst 1952 mit Sörgels Unfalltod.

Und lebt doch irgendwie fort. 2007 schlugen die Wissenschaftler Roelof Dirk Schuiling, Viorel Badescu, Richard B. Cathcart, Jihan Seoud und Jaap C. Hanekamp vor, das Rote Meer durch einen Damm zwischen Dschibuti und Jemen zwecks Trockenlegung abzusperren. Zur Trockenlegung der 17.600 km² großen Doggerbank, einer Sandbank in der Nordsee, über die Exzentriker in Großbritannien seit Jahrzehnten sinnieren, wird es dagegen definitiv nicht mehr kommen: Dort entsteht gerade einer der größten Offshore-Windparks der Welt. Und wer würde schon in einem Feld von 1.500 Windrädern wohnen wollen?

## Experimente und Zweifel: Taugt der Dampfwagen für die Straße?

Kein Wunder, dass der britische Dampfverkehr im Ausland zunehmend als eine Art Freiluft-Experiment beobachtet wurde. In Deutschland berichtete vor allem der in England ausgebildete Ingenieur und Eisenbahn-Experte Ritter Joseph von Baader – sozusagen der führende Motorjournalist seiner Zeit – in zahlreichen Artikeln über den Fortschritt der Technik. Seine Perspektive auf das Thema beschreibt die Grundfrage, die sich die damaligen Fachleute stellten: Brauchte man wirklich Schienen für den Dampfverkehr? Ging es nicht auch mit weniger Aufwand?

Ein ums andere Mal schilderte Baader die zahlreichen Dampfwagen-Experimente und später den Straßen-Regelverkehr, in dem Frachttransporte eine immer größere Rolle spielten. Für ihn war das vor allem eine betriebswirtschaftliche Rechnung: Die Automobilen und Zügen zugrunde liegende Technik war weitgehend dieselbe, am Ende sollte die Kosten-Nutzen-Rechnung entscheiden, welchem Verkehrskonzept man den Vorzug gab.

Baaders vorläufiges Fazit im Jahre 1832:

*Die Substituirung der Dampfkraft für die Kraft der Pferde zum Forttreiben von Kutschen und Wagen ist nun seit mehr als 20 Jahren der Gegenstand eines allgemeinen und fortwährenden Interesses gewesen; die Erwartungen, selbst der am wenigsten sanguinischen, sind von Zeit zu Zeit aufgeregt, und bis zur vollen Zuversicht durch die Berichte von dem scheinbaren Erfolge eines glüklichen Projectanten, welcher die große Aufgabe vollkommen gelöst hätte, gesteigert worden; allein diese Erwartungen haben die darauf erfolgten Enttäuschungen durch das jedesmalige gänzliche Fehlschlagen dieser Versuche nur desto empfindlicher gemacht.*

In heutiger Sprache salopp zusammengefasst heißt das: Auch wenn es ab und zu jemandem gelang, mit Dampfwagen eine Menge Reibach zu machen, der Hype hielt nicht, was er versprach.

Das lag zum einen am Verbrauch. Ein Dampfwagen, der eine Tonne Ladung oder Passagiere über Stock und Stein transportierte, rechnete Baader einmal vor, verbrauchte fast dreizehnmal so viel Koks wie eine Eisenbahn mit gleicher Last auf gleicher Streckenlänge. Auf unwegsamer Strecke hatte der Dampfwagen trotzdem allemal die Nase vorn.

## Widerstand gegen den Jobkiller

Viel wichtiger als der Koksverbrauch wurde aber ein anderer Faktor, der den Dampfwagen-Konstrukteuren zunehmend das Geschäft verdarb: Der Widerstand des Kutschergewerbes, der Kahnschiffer und Straßenbesitzer. Kein Wunder, denn trotz erbärmlicher Straßen wuchs der Erfolg der Dampfwagenbetreiber ständig – und nicht nur im Transportgewerbe über Land, sondern auch im innerstädtischen Verkehr. 1837 operierten in London schon Omnibusse mit Anhänger, die pro Fuhre bis zu 48 Personen transportierten. Und das mit hoher Zuverlässigkeit und immer höherer Geschwindigkeit:

*Dieß ist jedoch nicht die möglich größte Geschwindigkeit, indem der Wagen eines Tages, mit 20 erwachsenen Personen beladen, 21 engl. Meilen in der Zeitstunde zurüklegte. Der Automaton fährt nun 20 Wochen lang in den Straßen Londons und seiner Vorstädte; er legte in dieser Zeit 4200 engl. Meilen zurük und brachte 12.761 Personen an Ort und Stelle.*

Rekordverdächtige Leistungen schafften auch die Wagen der Gurney Steam Carriage Company. Sie brachten es schon vor 1830 auf bis zu 32 km/h – und wurden von Gurney unter anderem für touristische Landfahrten eingesetzt, die sich bis zu 160 Kilometer weit von London entfernten.

Für die Männer an den Zügeln herkömmlicher Kutschen war das ein Albtraum. Sie alle fürchteten die Konkurrenz der Dampfwagen weit mehr als die der Eisenbahn: Die Automobile fuhren dorthin, wohin eine Straße führte, für Züge aber musste erst aufwendig eine Schienentrasse gelegt werden. Schon in den 20er Jahren des 19. Jahrhunderts kam es zu ersten Sabotageaktionen: Mehrere Bus- und Frachtunternehmen wurden in die Pleite getrieben, indem man auf den Strecken, die sie befuhren, knöcheldick Schotter ausbrachte und so die Dampfwagen bremste oder sogar stoppte. Und das war noch die sanfte Tour, der neuen Konkurrenz zu zeigen, wer das Sagen hatte.

»A View in Whitechapel Road« (1831): Karikatur aus der Zeit des ersten Dampfauto-Booms. Die Technik hatte aber viele Gegner

Der Unmut der traditionellen Transportunternehmer war nicht unbegründet. 1831 berichtete das *Journal* unter der Überschrift »Einfluß der Eisenbahnen und Dampfwagen auf Bevölkerung«:

*In Folge der neuen Liverpool- und Manchester-Eisenbahn wurden bereits 14 Lohnkutscher, jeder mit 12 Pferden, brotlos. Es kommen also für diese Strecke allein 168 Pferde aus dem Futter.*

Die Sympathie der Journalisten mit den nun brotlosen Pferdekutschern hielt sich allerdings in Grenzen. Der Bericht rechnete weiterhin auf, dass man auf der Fläche, die man bisher gebraucht habe, um die genannten 168 Pferde zu ernähren, nun genügend Getreide anbauen könne, um 1.512 Menschen zu ernähren. Aber auch das traditionelle Transportgewerbe hatte es in sich. Die Kutscher und Schiffer beließen es nicht bei Formen passiven Widerstands. Der Kampf um den Transportmarkt wurde mit harten Bandagen geführt. In ihrer Verzweiflung schreckten die Transportarbeiter, die ihre Jobs gefährdet sahen, selbst vor Handgreiflichkeiten nicht zurück. Immer wieder sollte es der bereits erwähnte Dampfwagen-Betreiber Gurney sein, der zur Zielscheibe des Widerstands wurde. Schon 1829 wurde er zum Opfer eines Überfalls: Die spektakuläre Fernfahrt von London nach Bath (160 Kilometer) konnte nur unter Polizeischutz beendet werden. Der Heizer war vom Mob verletzt worden.

Die Presse berichtete damals:

*Hr. Gurney fuhr auf der Straße von Bath mit seinem Dampfwagen. Zu Melksham wurde er von einem durch Miethkutschen-Besizer angestifteten und bezahlten Volkshaufen angehalten, und sein Wagen ward beinahe zertrümmert. Man sollte nicht glauben, daß es möglich wäre, daß das arme Volk nicht einsieht, wie sein theures Brot wohlfeiler werden muß wenn man weniger Pferde braucht, für welche Hafer gebaut wird, und die ihm auf diese Weise die Roken- und Weizen-Felder wegnehmen.*

Dass Pferde dem Volk das Futter wegessen, war leider nicht vermittelbar. Drei Jahre später gab Gurney auf, zermürbt von Überfällen und Protesten, mysteriösen Dampfwagen-Kidnapping inklusive Explosionen, Schotter auf Straßen, die vorher glatt waren und willkürlichen Mauterhöhungen für Dampfwagen – ein erster Erfolg der traditionellen Transportlobby auf parlamentarischer Ebene:

*Die Hauptursache* (für Gurneys Scheitern, Red.) *liegt in den vielen Privat-Schlagbaum-Bills, die vor das lezte Parlament gebracht wurden, und von denen mehrere die Dampfwagen beinahe gänzlich ausschlossen, indem sie den Zoll für dieselben bei jedem Schlagbaume auf die ungeheure Summe von 2 Pfd. Sterl. steigerten.*

Weitere Gesetze sollten folgen, die den Siegeszug der Dampfwagen, der sich ab Mitte des 19. Jahrhunderts abzeichnete, doch noch verhinderten. Denn neben den weithin beachteten Großfahrzeugen entstanden an vielen Orten Dampfwagen-Manufakturen, die eher auf Individualverkehr zielten. Viele Adelige und Reiche leisteten sich ein Dampffahrzeug als neue Form standesgemäß-abenteuerlicher Fortbewegung. Wer unter Dampf stand, bewies Progressivität. Kurz nach Mitte des Jahrhunderts hatte der Verkehr (und die Zahl der Unfälle) so sehr zugenommen, dass der britische Gesetzgeber begann, den motorisierten Straßenverkehr zu regulieren, und zwar rigoros. Die Transportlobby sorgte dafür, dass die Regeln für Motorfahrzeuge besonders streng ausfielen.

Zwischen 1861 und 1898 verabschiedete das britische Parlament fünf Gesetze, die erstmals Verkehrsregeln bindend vorschrieben – für Automobile und dampfbetriebene Schwerlastfahrzeuge. Insbesondere der Red Flag Act von 1865 bremste die automobile Entwicklung im bis dahin souverän führenden Hightech-Mutterland England höchst effektiv aus: Er setzte für alle »Straßenlokomotiven« und Automobile eine Höchstgeschwindigkeit von 4 Meilen pro Stunde (6 km/h) fest. Ein Witz, aber beileibe nicht der einzige: Neben dem Fahrer musste es nun zwingend auch einen Beifahrer geben, und zudem einen dritten Mann, der eine rote Fahne schwenkend, 55 Meter vor dem Fahrzeug gehend den Verkehr vor dem nahenden pferdelosen Wagen warnen sollte.

Mit einem Schlag verloren maschinengetriebene Fahrzeuge in Großbritannien jede Chance auf Wirtschaftlichkeit. Erst 1896, als sich in den Metropolen Amerikas und Kontinentaleuropas längst Benzin- und Elektrofahrzeuge breitgemacht hatten, nahm das britische Parlament diese folgenschwere Fehlentscheidung zurück. Den Anschluss an die technische Entwicklung hatte England bis dahin verloren – Hightech kam jetzt vorzugsweise aus Deutschland und den USA.

## Die Hochzeit der Dampfer

Auch dort waren es lange die Dampfwagen gewesen, denen die automobile Zukunft zu gehören schien. Auch in Deutschland, dem heutigen Österreich und Belgien hatte es seit den 30er Jahren entsprechende Experimente gegeben. Außerhalb Englands aber blieb die Skepsis lange groß und die Verbreitung klein.

Noch 1863 nutzten die Stadtväter von Hamburg eine örtliche Industrie- und Maschinenausstellung, um sieben dort ausgestellte Dampfwagen-Modelle auf ihre Tauglichkeit im städtischen Straßenverkehr zu prüfen. Um ein realistisches Szenario bemüht, wagte man sogar, die Vehikel auf große Fahrt zu schicken, ohne die Straße vorher zu evakuieren.

Das zahlreich aufgelaufene Publikum war begeistert! Alle Fahrzeuge meisterten den Parcours, der es in Luftlinie immerhin auf mehr als einen Kilometer brachte, mit Bravour. Zwar war

Trevithick schon 1801 so weit gewesen, doch in Deutschland war ein dermaßen massives Autoaufkommen noch immer etwas Exotisches. Um so überraschter waren selbst die Fachleute vom Ergebnis des Versuchs:

*Hierbei zeigte es sich dann, daß die Sorge um Verkehrssperrung am Dammthore gänzlich überflüssig gewesen war, indem hin- und hergehendes Pferdefuhrwerk aller Art (Droschken, Lastwagen, herrschaftliche Kutschen, Karren etc. etc.) in zwei neben einander gebildeten Reihen sich völlig unbekümmert um Dampf, Rauch und Geräusch der zum Versuche gelangenden Maschinen in ganz gewöhnlicher Weise fortbewegte. Unruhig zeigten sich eigentlich zuweilen nur die Dragonerpferde, wenn diese der in Bewegung begriffenen Locomobile zu nahe kamen.*

Wesen, die wirklich arbeiten müssen, sind also schwerer aus der Ruhe zu bringen. Über kurz oder lang würde man das den Dragonerpferden noch beibringen müssen. Denn dass motorisierte Fahrzeuge auch beim Militär Einzug halten würden, zeichnete sich längst ab.

In der Kriegsmarine war der Übergang zu Motorbooten bereits Mitte des 19. Jahrhunderts größtenteils vollzogen. Zur Zeit des Hamburger Dampfwagen-Experimentes hatte die erste technische Generation der Dampfschiffe, die Schaufelraddampfer, schon weitgehend ausgedient. Bereits seit 1836 begann sich der von dem Österreicher Josef Ressel erfundene Schiffspropeller durchzusetzen. Wenige Jahre später sollte der nächste Schritt folgen: 1884 erfand der Anglo-Ire Charles Parsons (einer der Konstrukteure des Dampf-Automobils, das dessen Großtante Mary Ward zur ersten namentlich bekannten Verkehrstoten gemacht hatte) die Dampfturbine und baute mit der Turbinia auch das erste von einer Turbine betriebene Schnellboot. Das Grundprinzip der Parsonschen Turbine liegt bis heute allen Turbinen in Schiff- und Luftfahrt zugrunde.

Selbst in England wurde jahrelang verkannt, wie revolutionär diese Innovation tatsächlich war. Legendär ist die Art und Weise, wie Parsons ihr schließlich doch noch zum Durchbruch verhalf: Als sich am 26. Juni 1897 die britische Kriegsmarine anlässlich des diamantenen Thronjubiläums von Königin Victoria zu einer Regatta versammelte, mischte sich die Turbinia unautorisiert ins Starterfeld. Die Schnellboote der Hafenpolizei, die man losschickte, um sie dort wieder herauszuholen, waren ebenso wenig in der Lage, sie einzuholen, wie die schnellsten Kriegsschiffe des Landes, die zu dem Rennen angetreten waren. Die anfängliche Empörung über den Affront wandelte sich zum Triumph. Die Marine nahm das Boot unter ihre Fittiche und testete es ausgiebig: Die Turbinia entpuppte sich als das schnellste Wasserfahrzeug ihrer Zeit.

Was sich auf dem Wasser seit Beginn des 19. Jahrhunderts angekündigt hatte, schien 60 Jahre später auch an Land zunehmend wahrscheinlich: Der Siegeszug der Motoren. Mit einiger Aufmerksamkeit hatte man seit 1833 verfolgt, dass in England bereits über den Einsatz von Dampffahrzeugen als »Kriegswagen« debattiert wurde – möglicherweise sogar mit aufmontierter Kanone! Es müsse doch einen nicht zu unterschätzenden Effekt haben, spekulierte damals die Militärzeitschrift *United Service Journal*, wenn man, wie einst »Sisera, Feldherr des Königs Jabin von Syrien«, wieder 900 Kriegswagen in langer Reihe gegen eine Armee ins Feld führe. Wenn das irgendwer überlebe, brauche man die Wagen ja nur zurückzusetzen und noch einmal darüberfahren zu lassen. Soziopathen und Größenwahnsinnige hat es scheinbar überall und zu jeder Zeit gegeben.

Bereits 1846 hatte James Boydell, ohne das zu wollen, die passenden Räder patentieren lassen: Sie brachten ihre Schienen quasi selbst mit. In regelmäßigen Abständen waren »Bahnschuhe« auf die Räder montiert, die am untersten Punkt ihrer Drehung jeweils flach auflagen und eine temporäre Verbindung mit den »Schienen«

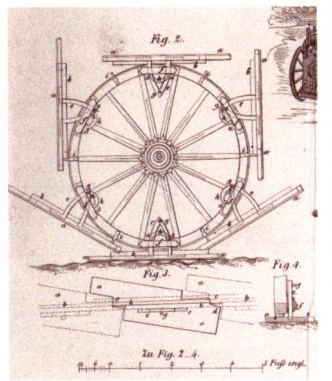

James Boydells Klapperkiste: Vorläufer aller Kettenfahrzeuge

davor und danach eingingen. Die am Rad angebrachten Paneele vergrößerten also die Auflagefläche, auf der das Gewicht des Wagens sich verteilte, und machte so eine Bewegung selbst auf schlammigen Äckern möglich.

Die ab 1856 gebauten Vehikel bewegten sich mit ohrenbetäubendem Klappern, wie Zeitgenossen schilderten, und wurden vor allem als schwere Arbeitsmaschinen auf ungünstigem Gelände eingesetzt. Sie gelten heute als Vorläufer aller Kettenfahrzeuge inklusive der Panzer. Alle beruhen auf dem Grundgedanken, dem Rad eine größere Auflagefläche zu geben, um auf weichen Böden ein Absacken zu vermeiden.

Dampffahrzeuge gab es also in allen nur denkbaren, teils exotischen Varianten. Die meisten davon blieben bis Ende des Jahrhunderts Unikate oder auf sehr wenige Stück begrenzt. Wirklich in Serie wurde erst ab 1878 gebaut: Amédée Bollées La Mancelle gilt mit 50 gebauten und verkauften Fahrzeugen als erster Serienwagen der Welt. Bollée war in Frankreich eine Legende unter den Automobil-Pionieren, seit er 1873 mit seinem Dampfbus L'Obéissante von Paris nach Le Mans getuckert war und dabei 75 polizeiliche Verwarnungen kassierte.

Rekord-Dampfbus L'Obéissante (1873):
Er kassierte 75 polizeiliche Verwarnungen auf einer Strecke von 200 Kilometern

Bollès Wagen erfreuten sich seitdem des Rufs, zuverlässige Fahrzeuge zu sein, mit denen man auch längere Strecken angehen konnte – acht Jahre vor der ersten öffentlichen Demonstration des im Vergleich mit zeitgenössischen Dampfwagen filigran bis fragil anmutenden Benz Patent-Motorwagen Nummer 1 und zehn Jahre vor Bertha Benz' legendärer Demonstrationsfahrt des Wagens Nummer 3.

Mit jener begann keineswegs das automobile Zeitalter, wohl aber der Beginn der Ära der Benzinmotoren. Bevor es aber so weit war, dass das neue Motorenkonzept die alten Dampfwagen verdrängte, sollten noch etliche Jahre vergehen und Zehntausende von Dampfautos gebaut werden. Bis Anfang der 20er Jahre des 20. Jahrhunderts sollten Dampfwagen und Elektroautos signifikante Anteile am Automarkt halten – erst dann begann sich der Benziner durchzusetzen und die anderen Konzepte zu verdrängen.

Im Jahr 1900 waren 40 Prozent aller in den USA gebauten und verkauften Automobile Dampfwagen, 38 Prozent Elektrowagen und nur 22 Prozent Benzinwagen.

Als die ersten Benziner auftauchten, schienen sie den Dampffahrzeugen in vielerlei Hinsicht unterlegen. Deren Technologie war einfach und hatte sich über Jahrzehnte vieltausendfach bewährt, doch natürlich hatte das Antriebskonzept auch Nachteile: Die Vehikel waren schwer, mussten permanent befeuert und vor dem Losfahren auch vorgeheizt werden.

Zumindest die Befeuerung hatte in der zweiten Hälfte des 19. Jahrhunderts erhebliche Fortschritte gemacht: Immer öfter wurden die Kessel nicht etwa mit Kohle, Braunkohleteer oder anderen billigen, aber schmutzigen und schweren Materialien befeuert, sondern mit Petroleum, Kerosin und anderen Erdöl-Derivaten. So widersinnig uns das heute vorkommt, sowohl diese »Benzin-Dampfer« als auch ihre dampfenden Kohlen-Brüder schienen der sich ankündigenden Ottomotor-Konkurrenz haushoch überlegen: Sie waren schneller und deutlich kräftiger, obgleich auch erheblich schwerer.

Die Zeiten, in denen Dampfwagen wie Straßenlokomotiven aussahen, waren allerdings lange vorbei. Von ihrer Bauart unterschieden sie sich kaum von den Kutschaufbauten, wie sie etwa Benz nutzte. Ihr schweres Gewicht hatten sie Kessel und Wasservorrat zu verdanken. Dafür waren Vehikel wie der Peugeot Typ 1 (1889) schon zuverlässige Gefährte, als Benz' Benzinwagen noch experimentellen Charakter hatten.

Nur ihr größtes Manko wurden Dampfwagen nie ganz los: Bis das Wasser im Kessel kochte, lief absolut gar nichts. Der Schwachpunkt war nicht die Befeuerung, sondern der erforderliche Kesseldruck. Ging das Wasser aus und musste nachgefüllt werden, dauerte es bis zu einer halben Stunde, bis die Fahrt weitergehen konnte. Dampfautos, die innerhalb weniger Minuten einsatzbereit waren, kamen erst Anfang des 20. Jahrhunderts auf. Der dadurch gewonnene Vorteil verblasste jedoch gegen den Zuwachs an Bequemlichkeit, den die etwa zeitgleiche Erfindung des elektrischen Anlassers bei Benzinmotoren brachte.

Immerhin war der Wirkungsgrad der Dampfmotoren mehr als gut – kein Vergleich zu diesen benzinbetriebenen Kutschen, deren Siegeszug am Wendepunkt vom 19. zum 20. Jahrhundert durchaus noch nicht ausgemacht war.

Als die französische Zeitschrift Le Petit Journal im Jahr 1894 das erste vor Publikum stattfindende Autorennen von Paris nach Rouen organisierte – eine Strecke von immerhin rund 130 Kilometern –, schrieb sie nicht vor, welcher Art die Vehikel sein durften. Definiert war das Rennen als »Concours des Voitures sans Chevaux«, also als Rennen für Fahrzeuge ohne Pferde.

Dementsprechend sah dann auch die Anmeldungsliste aus. 87 Konstrukteure bewarben sich mit ihren Maschinen für das Rennen. Die Organisatoren gruppierten die Bewerber nach Motor- respektive Antriebsart in heute unfassbaren 20 Kategorien! Etliche dieser Motorbauarten waren experimentell, Details über ihre Konstruktion sind nicht einmal überliefert.

Immerhin 30 der Fahrzeuge waren bereits Benzinfahrzeuge, aber es fanden sich auch hydraulische Antriebe, Druckluft-Autos, obskure, auf mysteriösen Mechanismen gründende Vehikel, natürlich Dampfwagen verschiedenster Art und ein einsames pedalgetriebenes Gefährt. Einige ihrer Beschreibungen liest man heute mit Staunen und weiß oft tatsächlich nicht, um was für eine Art Antrieb es sich überhaupt handelte. Bei dem Auto mit einem Antrieb aus einem »System multipler Hebel« zum Beispiel. Ob da Muskelkraft, Federspannungs-Mechanismen oder ein kosmischesoterisches Konzept am Werk war, weiß heute keiner mehr. Die Organisatoren ließen 69 der Bewerber als Starter zu, nur 25 davon jedoch für das eigentliche Hauptrennen – zu groß erschienen die Leistungsunterschiede der konkurrierenden Techniken.

Mit dabei waren immerhin auch fünf Elektroautos verschiedener Bauart. Nur fünf, muss man wohl sagen, denn natürlich war es die Länge der Rennstrecke, die es für Konstrukteure von E-Fahrzeugen wenig lohnend erscheinen ließ, überhaupt anzutreten. Die Zahl ist irreführend, wenn man von ihr auf die Verbreitung von E-Fahrzeugen schließen wollte. Diese waren für Langstrecken-Autorennen einfach generell weniger gut geeignet: Mit der damaligen Batterietechnik ließen sich Reichweiten über 100 Kilometer nur sehr schwer erreichen. Man darf das in diesem Fall sogar wörtlich nehmen: tonnenschwer. Denn die Akkutechnik damals war natürlich noch bleibasiert und hatte monströse Gewichte mit wenig Ladekapazität zur Folge.

Es war ein gewichtiges Manko, das E-Autos an der Wende zum 20. Jahrhundert nicht weniger bremsen sollte als 100 Jahre später. Sowohl Elektro- als auch Dampfantrieb schienen dem Benzinmotor dabei in Sachen Leistung prinzipiell überlegen.

Elektro-Rennwagen La Jamais Contente: Schnellstes Fahrzeug seiner Zeit

1899 durchbrach der Belgier Camille Jenatzy mit seinem Wagen La Jamais Contente als Erster überhaupt die magische Geschwindigkeitsschwelle von 100 km/h. Das wie ein Torpedo geformte, nur für Hochgeschwindigkeitsrekorde konstruierte Fahrzeug war natürlich ein Elektroauto: Alle frühen Auto-Geschwindigkeitsrekorde jenseits der von Pferden gezogenen Wagen wurden von E-Fahrzeugen aufgestellt.

Das sollte sich erst ab 1902 ändern. Léon Serpollet (der Konstrukteur der Dampfmotoren, mit denen Peugeot groß wurde) war der erste Fahrer, der mit einem nicht elektrisch betriebenen Wagen den Geschwindigkeitsrekord für Landfahrzeuge knackte. Ab da dominierte diese andere Motortechnik, die nun in schneller Folge immer ambitionierte Rekordmarken setzen sollte. Serpollet hatte im April 1902 mit 120,9 km/h schon enormes Tempo bewiesen.

Nur vier Jahre später sollte die Rocket der Brüder Francis Edgar und Freelan O. Stanley einen neuen Rekord aufstellen, der lange unerreichbar blieb: Ihr Dampfwagen – denn natürlich waren es Dampffahrzeuge, die hier so auftrumpften – donnerte mit dokumentierten 205,5 km/h über die Messstrecke. Dieser Rekord hatte

Rennwagen Stanley Rocket (1906): Spitzengeschwindigkeit über 200 km/h

bis zum Jahr 2009 Bestand, als Charles Burnett III. mit seinem Dampf-Boliden, dem »schnellsten Wasserkessel der Welt«, auf 224 Kilometer pro Stunde erhöhte. Mangels Konkurrenz dürfte auch dieser Rekord eine Weile unangetastet bleiben.

Anfang des 20. Jahrhunderts galten die Dampffahrzeuge als die schweren Kaliber, Benziner hingegen als Leichtfahrzeuge. Kein Wunder, dass man die Straßen-Dampfer aus dem gerade entstehenden Motorsport-Rennbetrieb schnell verbannte. Benzinfahrzeuge waren deutlich langsamer als die Fahrzeuge, die auf den Konkurrenztechniken fußten. Aber sie waren auch leichter, wendiger, preiswerter und darum bald in größerer Vielfalt am Markt: Sie versprachen mehr Spektakel bei weniger Aufwand. Vor allem aber ermöglichten sie lange Rennen – nicht nur, was die Strecke angeht, sondern auch die Laufzeit.

Denn während die ersten spektakulären Rennen noch Straßenrennen, mithin also eher Rallyes waren, setzte ab 1903 ein Trend hin zu abgesperrten Rennstrecken ein. Man begann, im Kreis zu fahren. Das machte es nicht nur leichter, die Rennen zu vermarkten. Es machte sie auch sicherer.

Auslöser war das Autorennen von Paris nach Madrid im Jahre 1903, das von einer Serie katastrophaler Unfälle überschattet worden war. Acht Menschen starben, und über 100 wurden bei teils bizarren Unfällen verletzt. Ein Fahrer starb bei der Kollision mit einem Baum, als er einem Bauern,

Rennfahrer Marcel Renault kurz vor dem tödlichen Unfall: Märtyrer des Rennsports

der in der Mitte der Straße lief, auszuweichen versuchte. In der Ortschaft Châtellerault lief ein Kind vor einen Rennwagen. Auch dieser Fahrer versuchte auszuweichen – und fuhr in eine Zuschauergruppe.

Prominentestes Opfer des offenkundig außer Kontrolle geratenen Straßenrennens wurde Marcel Renault, populärer Rennfahrer, Autoentwickler und Mitbegründer der gleichnamigen Autofirma. Der Blutzoll des Rennens machte weltweite Schlagzeilen und setzte eine lang anhaltende Diskussion darüber in Gang, ob man Autorennen nicht generell verbieten sollte.

Stattdessen verlagerte man das Ganze auf geschlossene Rennstrecken, was das Risiko zumindest für die Zuschauer senkte. Außerdem veränderten sich auch die Anforderungen an die Fahrzeuge, und Elektro- wie Dampfwagen verschwanden endgültig aus dem Rennbetrieb. Nicht zuletzt, weil man begonnen hatte, Höchstgewichte für die teilnehmenden Rennwagen festzulegen. Selbst wenn dem nicht so gewesen wäre: Bei Rennen, die teils über 12 Stunden, mitunter über Tage gingen, waren Strom und Dampf wegen ihrer Reichweitenprobleme, respektive der immer wieder nötigen Aufheizphasen, chancenlos. Benziner musste man nur kurz nachtanken, eine Sache von Minuten.

## Wendepunkt: E- und Benzin-Auto auf dem Vormarsch

Trotzdem war die Frage, welche Motorentechnik sich durchsetzen sollte, noch lange nicht vom Tisch. Benziner galten als lärmende Stinker, was vor allem in den Städten als störend empfunden wurde. Strom schien vor allem für die wachsenden Großstädte weiterhin eine naheliegende Alternative. Und war der »Saft« nicht die Energie der Zeit? Elektrizität schien alles möglich zu machen. Sie beleuchtete Städte, ermöglichte die Kommunikation von Land zu

Land, war auf dem Weg in alle Haushalte und ließ sich auf vielfältige und billige Weise gewinnen. Und man konnte sie speichern, in zwar schweren, aber zunehmend leistungsfähigen Batterien, die obendrein seit Erfindung der Bleiakkumulatoren 1859 wiederaufladbar waren.

Elektromotoren holten aus der eingesetzten Energie zudem das Optimum heraus: Der Wirkungsgrad von über 80 Prozent konnte sich mit dem von Dampfturbinen messen. Und anders als beim schwächlichen Benzinmotor (damaliger Wirkungsgrad 10 bis allenfalls 20 Prozent) stand die ganze Kraft im gesamten Drehzahlbereich sofort zur Verfügung. Als Problem erkannte man allein die mangelnde Reichweite – und die lange Zeit, die es zum Wiederaufladen der Batterien brauchte. Die Diskussion um E-Fahrzeuge Anfang des 21. Jahrhunderts ist somit eine echte Wiederholung der Debatte Ende des 19. Jahrhunderts.

Eine zeitgenössische Einschätzung der automobilen Zukunft, wie sie zu dieser Zeit viele teilten, brachte anlässlich der Gründungsversammlung des Mitteleuropäischen Motorwagen-Vereins MMV – einer der Vorläufer des ADAC – am 30. September 1897 im Berliner Hotel Bristol der Oberbaurat a.D. Adolf Klose auf den Punkt: »Als Motorfahrzeuge, welche ihre Energie zur Fortbewegung mit sich führen«, sagte er in seiner Antrittsrede als Präsident des MMV, »machen sich zurzeit drei Gattungen bemerkenswert, nämlich: durch Dampf bewegte Fahrzeuge, durch Ölmotoren bewegte Fahrzeuge und durch Elektrizität bewegte Fahrzeuge. Die erste Gattung dürfte voraussichtlich in Zukunft hauptsächlich für Wagen auf Schienen und schwere Straßenfahrzeuge in Betracht kommen, während das große Gebiet des weiten Landes von Ölmotorfahrzeugen durcheilt werden und die glatte Asphaltfläche der großen Städte wie auch die Straßenschiene von mit Sammlerelektrizität getriebenen Wagen belebt sein wird.«

Aus Perspektive des Jahres 1897 war das weniger visionär als vielmehr eine Inventur des Status Quo: Dampfbetriebene Busse und LKWs verbanden europäische Städte bereits seit Jahrzehnten mit regelmäßigen Diensten – das sollte noch Jahrzehnte so bleiben. Für Privatleute ohne eigenes Personal boten sich die klobigen, teuren und oft mehrere Tonnen schweren Fahrzeuge hingegen kaum an. Im Hightech-Mutterland Großbritannien hatten Unfälle und die erfolgreiche Lobbyarbeit der Konkurrenz dazu geführt, dass den Entwicklern und Betreibern von Dampf-Straßenfahrzeugen viel Dampf genommen worden war. Das hatte indirekt zur Folge, dass nachfolgenden Techniken Raum geschaffen worden war. Die Erfindung benzin- und ölbetriebener, deutlich leichterer Fahrzeuge durch Benz und Daimler versprach bereits eine unkompliziertere Mobilität, wenn man Reichweite brauchte. Und hatten Elektrofahrzeuge nicht längst bewiesen, wie wichtig sie für die Mobilität der Stadt werden sollten?

THE BARROWS ELECTRIC TRICYCLE.

same manner as a bicycle; this horse, as it were, may be detached from one carriage and hitched to another in one minute, and will work as well in a sleigh as in a carriage.

One filling of the cells, it is claimed, will run the vehicle from 100 to 150 miles according to condition of roads and the load carried. Enough of the concentrated solution may be carried for a 500 mile run, at a cost of 50 cents for recharging.

Elektrisches Dreirad (ca. 1895): 50 Kilo Akkus inklusive

Experimentelle Elektrofahrzeuge hatten es seit den 1930er Jahren wohl zwar nur selten auf die Straße, dafür aber immer wieder in die Fachpresse geschafft. Ihren Durchbruch konnten sie jedoch vor Entwicklung der Akkutechnik nicht erleben. Erste Versuche mit elektrisch betriebenen, per Batterie mit Energie versorgten

Loks scheiterten nicht nur daran, dass ihnen allzu schnell die Puste ausging. Entscheidender war die betriebswirtschaftliche Rechnung: Ein Satz Batterien für eine Zugfahrt kostete etwa 40 Mal so viel wie der Brennstoff für eine entsprechende Dampflokfahrt – und das ohne Zuglast und Zuladung.

Erst 1881 konstruierte Gustave Trouvé sein Tricycle, ein akkubetriebenes Dreirad, mit dem er fünf Jahre vor der Erfindung des ersten Benzinmotorwagens vielfach beachtet durch Paris summte. In schneller Folge kamen weitere Modelle hinzu. In den Städten funktionierte das Konzept so gut, dass Anfang des 20. Jahrhunderts rund ein Drittel aller Motorfahrzeuge elektrisch betrieben waren.

Trotzdem: Die Reichweiten lagen selten über 60 Kilometer und nie über 100 – in dieser Hinsicht hat die Mobilitätsbranche also gut ein Jahrhundert stillgestanden. Der Akku-Pack war damals – und heute? – offensichtlich nicht der richtige Energieträger, um das

Oberleitungsbus Blankenese (1911): Strom abgreifen statt mitnehmen

Elektromobil wirklich konkurrenzfähig zu machen. Parallel jedoch entstanden erste Straßenbahnverbindungen (1881 in Berlin, die Stromversorgung lief über die Schienen), daneben kamen immer mehr Konzepte für Oberleitungs-Trams und – zunächst von eher experimentellem Charakter – auch für den Bus auf (1882 das Electromote von Werner Siemens), die ab Beginn des 20. Jahrhunderts zunehmend als Alternative zu schienengebundenen Straßenbahnen eingesetzt wurden.

# FREIZEITPARK PYRAMIDE: DIE FLIEGENDE MAMMUT-SCHAUKEL

Was *Modern Mechanics* seiner technisch höchst interessierten Leserschaft da im Juni 1931 vorstellte, hätte den Ägypten-Tourismus von Grund auf revolutionieren und den seit Jahrtausenden nutzlos in der Gegend herumstehenden Pyramiden endlich wieder einen Sinn geben können: Die »fliegende Mammut-Schaukel« hätte sich womöglich zur Keimzelle eines Fun- und Adventureparks namens Tal der Könige entwickeln können. Dass es nicht so weit kam, muss nicht unbedingt daran gelegen haben, dass irgendein ägyptischer Beamter beim Antragsverfahren gemauert hat.

Viele der kleinen Novitäten- und Gadget-Berichte der US-Zeitschrift haben ganz klar Kuriositäten-Charakter. Die Tatsache, dass es 1931 jemanden gegeben hat, der solche Träume hegte und sie womöglich auch für umsetzbar hielt, heißt nicht, dass das auch für die Redakteure galt: Man kann davon ausgehen, dass augenzwinkernde Berichterstattung auch schon damals existierte – Infotainment eben.

Anderseits bedeuteten solche Ideen auch immer ein Spiel mit dem vermeintlich Möglichen. Sie sind Ausdruck eines trotz der bitteren Erfahrungen des Ersten Weltkriegs ungebrochenen Fortschritts-Optimismus. Allzu große Sensibilität in Bezug auf Kulturgüter braucht man den Autoren hingegen nicht unterstellen.

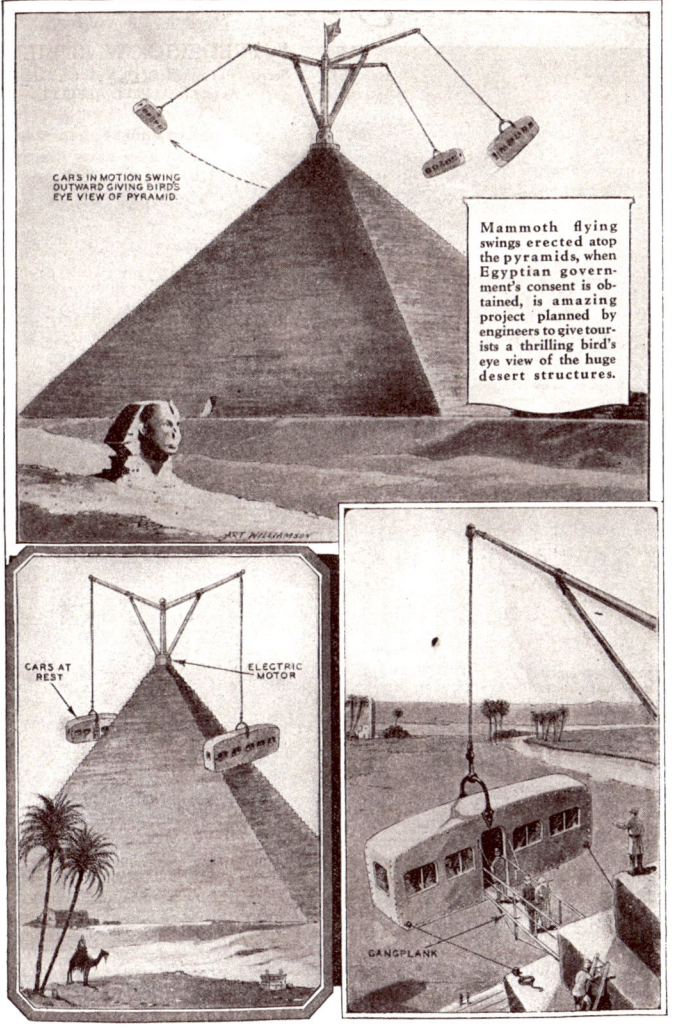

CARS IN MOTION SWING OUTWARD GIVING BIRDS EYE VIEW OF PYRAMID.

Mammoth flying swings erected atop the pyramids, when Egyptian government's consent is obtained, is amazing project planned by engineers to give tourists a thrilling bird's eye view of the huge desert structures.

ART WILLIAMSON

CARS AT REST

ELECTRIC MOTOR

GANGPLANK

Die Metropolen waren ihrer Zeit damit um einige Jahrzehnte voraus. Die Vielfalt der eingesetzten Verkehrsmittel-Konzepte stieg. Neben den nach wie vor üblichen Pferdewagen knatterten Dampf- und Benzinfahrzeuge durch die Straßen, Gas- und Druckfahrzeuge verschiedener Bauart hielten mit, zeitgleich zuckelten Straßenbahnen neben Elektroautos.

Die ersten drei namentlich bekannten Opfer des motorisierten Straßenverkehrs – anonyme Auto-Opfer gab es erstmals 1804 – stehen quasi stellvertretend für die dominanten Techniken der Zeit: 1869 starb die Irin Mary Ward tragisch unter den Rädern eines Dampfautos, 1896 wurde Bridget Driscoll beim Überqueren einer Londoner Straße von einem Benzinwagen überfahren.

Der bizarrste frühe tödliche Verkehrsunfall raffte aber den Immobilienmakler Henry H. Bliss in New York dahin: Am 13. September 1899 schwang er sich an der Ecke 74. Straße und Central Park West aus einer elektrischen Straßenbahn, als ihn das New Yorker Taxi Nummer 43 erfasste – ein Elektroauto, das Bliss wohl wegen des fehlenden Motorenlärms nicht wahrgenommen hatte. Er erlag am Folgetag seinen schweren Verletzungen. Ein tödlicher Verkehrsunfall, an dem gleich zwei Elektrofahrzeuge beteiligt waren, würde man wahrscheinlich sogar heute noch als ungewöhnlich wahrnehmen.

## Porsches Durchbruch: Ein Hybridauto

1899 war auch das Jahr, in dem Ferdinand Porsche erstmals von sich reden machte. Sein damaliger Chef Ludwig Lohner hatte zwei Jahre zuvor an der Gründungsversammlung des Mitteleuropäischen Motorwagen-Vereins teilgenommen, und man wählte ihn in den Vorstand. Lohner hörte mit großem Interesse zu, wie der frisch gekürte Vorstandschef Adolf Klose sich die automobile

Zukunft vorstellte: Insbesondere sein Glaube, E-Fahrzeuge seien die Zukunft des Stadtverkehrs, speiste sich aus Trends, die in England und Amerika gesetzt wurden.

Zurück in Wien, wo das von Lohner geführte Kutschenwerk zu den Lieferanten des Hofs gehörte, setzte er den jungen Ingenieur Porsche an die Aufgabe, ein elektrisch betriebenes Stadtfahrzeug zu entwerfen. Für Porsche, der zuvor als Elektroingenieur gearbeitet hatte, bedeutete das den Quereinstieg in den Autobau. Er brauchte zwei Jahre – und lieferte etwas ab, das seinesgleichen suchte.

Sein für die Lohner-Werke entwickelter Semper Vivus war ein für die Zeit ungewöhnlich elegantes Automobil, das es mit reiner Elektrokraft auf 50 km/h und – wenn man nicht durchgängig aufs Gaspedal drückte, sondern sich mit 35 km/h begnügte – auch etwa 50 Kilometer Reichweite brachte.

Der Lohner-Porsche auf der Weltausstellung in Paris im Jahr 1900: Hybrid und E-Wagen hatten die Nase vorn

Innovativ war daran so einiges: Der Vivus wurde als erstes E-Fahrzeug von Radnabenmotoren angetrieben, der Motor saß also auf den Rädern selbst. Das Fahrzeug sorgte auf der Weltausstellung in Paris 1900 für große Aufmerksamkeit – und für eine große Anzahl Aufträge. Der Brite E.W. Hart bestellte sich einen Vivus, welchen Porsche, dessen Name später das Synonym für rassige Raser werden sollte, für seinen Kunden noch einmal kräftig tunte: Er rüstete den Wagen zusätzlich mit Motoren aus, trieb also auch die hinteren Radnaben an, vervielfachte die Batteriekapazität und erreichte so Top-Geschwindigkeiten um 60 km/h. Nebenbei hatte er so den ersten Allradantrieb der Welt konstruiert.

Auch dieser litt jedoch weiterhin an der großen Schwäche der Elektrofahrzeuge: mangelnde Reichweite und hohes Batteriegewicht. Porsche erdachte eine Lösung, auf die man sich erst rund 100 Jahre später wieder besinnen sollte: Er kombinierte einfach den Elektroantrieb mit einem benzinbetriebenen Stromgenerator.

Im Mixte von 1902 – quasi dem Urgroßvater des Opel Ampera – trieben gleich zwei Benzinmotoren einen Generator an, der den Strom für den Radnabenmotor lieferte. Eine zwischengeschaltete Batterie pufferte Überproduktion ab, sodass der Mixte auf kurzen Strecken voll elektrisch fuhr. Trotz der zwei eingesetzten Motoren verbrauchte der Mixte damit deutlich weniger Benzin als die eigentlichen Benzinautos der Zeit.

Porsches Hybridwagen holte aus einem Liter Sprit viermal so viel Leistung wie ein herkömmlicher Benziner.

Der bis heute verblüffend modern erscheinende Mixte wurde so zum ersten echten Hybridfahrzeug der Welt – ein Elektroauto, das man »nachtanken« konnte. Dass am Ende insgesamt doch nur rund 300 Elektro- und Hybridporsche verkauft wurden, war eine Preisfrage: Damals wie heute führt die Elektrotechnik im Autobau zu erheblichen Mehrkosten.

Am Ende hat der Benziner dann weltweit aus eben jenen Kosten-
gründen den Wettlauf gewonnen: Mit der Vorstellung des Ford
Modell T im Jahr 1909 begann nicht etwa die Massenfertigung
von Autos – auch die Geschwindigkeits-Rekordhalter Stanley fer-
tigten und verkauften mehrere Zehntausend Dampfwagen – sondern die Fertigung von Autos für die Massen. Der Ford T kostete
bald nur den Bruchteil des Geldes, das man für einen Dampfer
oder ein E-Auto hinlegen musste.

Für eine kleine Weile noch hielten sich die Dampfwagen eine
Marktnische als voluminöse, äußerst kraftvolle Edelkarossen –
vorzugsweise für Zielgruppen, bei denen der Chauffeur den Kessel rechtzeitig anheizte, bevor die Herrschaften ausfahren wollten.
Schon bald galten allerdings auch dort die V8-Motoren als deutlich schicker.

Den E-Autos ging es nicht viel besser. Selbst Porsches Hybridmo-
dell hatte sich nicht durchsetzen können – kein Wunder in einer
Zeit, in der Benzin kaum etwas kostete. Verbrauch war damals
schlicht kein überzeugendes Argument. In den USA war der Elektrowagen etwas besser gelitten, zwar nicht auf dem Land, wohl
aber in den Metropolen. Bis weit in die 1920er Jahre gelang es
dort vor allem Detroit Electric, mehrere Tausend Autos im Jahr
abzusetzen – vermarktet als zuverlässige Fahrzeuge für Damen.

Den Höhepunkt des Erfolgs verzeichnete Detroit Electric ausgerechnet zu einem Zeitpunkt, als sich die Ära der Elektrowagen
eigentlich schon ihrem Ende zuneigte: Um das Jahr 1920 stiegen
die Spritpreise zeitweilig überraschend an und bescherten dem
Hersteller einen ebenso zeitweiligen Mini-Boom.

Der Anderson Detroit Electric, der seine Zuverlässigkeit im Jahr
1919 im Rahmen einer der letzten großen Publicity-Kampagnen
auf einer Fahrt von Seattle zum Mount Rainier (satte 90 Kilo-

Werbefahrt eines Detroit Electric in dIe Berge (1919): Zuverlässig und kräftig, aber die Reichweite reichte im Vergleich mit dem Benziner nicht mehr

meter entfernt!) unter Beweis stellen sollte, war gewissermaßen End- und Höhepunkt der frühen E-Auto-Entwicklung: Halbwegs preiswert, robust, rund 32 km/h schnell und mit einer Reichweite von immerhin über 130 Kilometern gesegnet. Selbst Henry Fords Ehefrau Clara fuhr einen – was Detroit Electric in seiner Werbung zu nutzen wusste. Ford selbst wird das kaum gekratzt haben: Er verkaufte Millionen Fahrzeuge, wo Detroit Electric nur läppische Tausende absetzte. Der letzte E-Wagen von Detroit fand 1939 seinen Käufer, dann schloss die Fabrik ihre Tore – die Zeit der Elektromobile schien ein für alle Mal vorbei.

Der Auto-Elektromotor verschwand für die nächsten Jahrzehnte beinahe vollständig, der Dampfantrieb lebte bis in die 70er Jahre des letzten Jahrhunderts immerhin in Loks sowie schweren Zug- und Baumaschinen fort. Die Älteren von uns kennen die letzten Dampf-Straßenfahrzeuge sogar noch: Dampfwalzen wurden nicht zufällig so genannt, sondern weil sie von Heizkesseln angetrieben wurden. Erst Ende der 1970er Jahre verschwanden die letzten von ihnen aus dem Straßenbild.

## Wie man sich seine eigene Tankstelle baut

Im Jahr 1922 war das Automobil längst ein Massenphänomen. Die Verkaufszahlen des Ford Modell T, bis 1972 das meistverbreitete Automobil der Welt, näherten sich allein in den USA zügig der 10-Millionen-Marke. Kein Wunder, dass auch die Presse das Thema Automobil immer mehr als populäres Servicethema entdeckte.

In besonderem Maß galt das für die wissenschaftlich-technische Fachpresse. Bereits seit der Jahrhundertwende durften How-to-do-Artikel nach dem Muster »So baue ich mir eine bessere Zündung« in keinem Blatt fehlen. »Motoristen«, wie es damals hieß, waren interessiert, weil notorisch bastelwütig: An die frühen Automobile konnte man problemlos selbst Hand anlegen – und allzu viele Vorschriften, die dem Treiben Grenzen gesetzt hätten, gab es auch noch nicht.

Einen schönen Eindruck davon vermittelt ein Artikel von Fred T. Anderson aus einer Ausgabe von Popular Science des Jahres 1922.

Er schrieb:

*Zum Großhandelspreis bekommt man Benzin nur, wenn ein 50-Gallonen-Tank* (circa 190 Liter, Anm. d. Übers.) *zur Verfügung steht. Mit einem solchen Tank ist es möglich, Benzin direkt beim Händler mit einem Preisnachlass von normalerweise rund drei Cent pro Gallone gegenüber dem Kunden-Endpreis zu beziehen. Kauft man sich nun aber einen solchen Tank, mit all seinen nötigen Anschlüssen, liegen die Kosten so hoch, dass sie den späteren Preisvorteil überschreiten. Eine Tankstelle hingegen, die allen Bedürfnissen gerecht wird, kann man sich auch selbst bauen.*

Das hört man gern, zumal, wenn es so einfach und so billig ist! Anderson: *Den Tank, den wir hier abgebildet sehen, kann man für rund 10 Dollar bauen, Tankbehälter, Schlauch und Verkleidung inklusive.*

Was folgt, ist eine Bauanleitung, für deren Umsetzung man heute wahrscheinlich von Geheimdiensten gekidnappt und unter Terrorverdacht in einen von einem freundlichen Despotenregime zur Verfügung gestellten Geheimknast verschifft würde. Anderson:

*Eine Öltonne, die 50 bis 55 Gallonen fasst und zweiter Hand für einen Dollar zu haben ist, bildet den Benzintank. Diesen stellt man auf und gießt einen kleinen Betonring darum, um ihn zu fixieren.*

*Dann formt man aus galvanisiertem Eisen ein zylindrisches Oberteil, das man an den oberen Rand der Öltonne nietet und mit einem konisch geformten Dach versieht. Aus dem oberen Teil schneidet man ein Rechteck aus, das als Tür dient und mit Schließband und Vorhängeschloss gesichert wird. In dem dadurch entstandenen Hohlraum im oberen Teil ist Raum für ein paar Gallonen Schmieröl.*

Wie praktisch! So etwas stellt man sich doch gern in seinen Vorgarten. Auch der restliche Bau ist ein Kinderspiel und wird so sauber umgesetzt, dass man seine Spritschleuder künftig ohne jedes Kleckerrisiko bedenkenlos selbst im frisch gebügelten Anzug betanken kann. Denn bei der notwenigen Pumpanlage setzt Anderson ebenfalls auf altbewährte Technik:

*Die eingesetzte Pumpe ist von der Art, die man zum Aufpumpen der Reifen benutzt. Mit ihr zwingt man das Benzin aus dem Tank, indem man den Luftdruck im Inneren erhöht. Der Schlauch wird mit einem Steigrohr verbunden, das in den Tank hineinreicht und einige Zentimeter über dem Boden des Tanks endet. Ein Dichtflansch verhindert, dass Luft aus dem Tank entweicht.*

**An old oil drum serves as a tank for this
home garage filling station**

Tankstelle selbstgemacht: Sprit gab's nur in großen Mengen billig

Und wenn die liebe Ehefrau nun doch Bedenken haben sollte, sich einen solchen explosiven, vor allem aber hässlichen Pilz in den Garten zu setzen? Dann, rät Anderson, sollte man das Konzept eben variieren:

*Eine der besten Möglichkeiten ist, das Fass vor seiner Garage im Boden zu vergraben und Rohre für die Luft und das Benzin nach innen, in eine passende Ecke der Garage zu verlegen. Wählen Sie die Methode, die am besten zu Ihren persönlichen Bedürfnissen passt.*

Was jemand, der sich so etwas baut, hingegen nicht wählen dürfte, sind die Grünen.

## Das Siemens Elektroauto

Hätte die Geschichte des Automobils anders verlaufen können? Anfang des 20. Jahrhunderts galt als offen, welche Technologie sich letztlich durchsetzen würde. Dampf- und Elektroautos hielten lange respektable Anteile an einem Automobilmarkt, der allerdings immer noch sehr klein war. Detroit Electric, der größte Elektroauto-Hersteller der Welt, schaffte in seinen Spitzenjahren nicht mehr als 2.000 Wagen im Jahr. Insgesamt muss er auf ähnliche Zahlen wie Stanley gekommen sein. Und Stanley, der erfolgreichste Dampfwagenhersteller, produzierte im Laufe seiner Firmengeschichte rund 50.000 Fahrzeuge – für die damalige Zeit eine enorme Zahl, aber nichts im Vergleich zu dem, was folgen sollte. Denn der Siegeszug des Benzinwagens war eine Art »arrested development«, eine verzögerte Entwicklung. Gebremst wurde er von der Notwendigkeit, dass eine völlig neue Infrastruktur aufgebaut werden musste. Und gemeint sind damit nicht nur Tankstellen, sondern vor allem die Förderungs- und Raffinierungsindustrie für den Treibstoff. Eine höchst kostspielige Sache, solange nicht genügend Abnehmer da waren – ein Henne-Ei-Problem, wenn man so will. Ohne Benzinautos kein Sprit, ohne Sprit keine Autos. Als der Benziner dann aber in Massen kam, entpuppte sich seine technische Plattform schnell als unschlagbar günstig. Ford ließ die Fertigung der »Tin Lizzy« Fort T durchrationalisieren – und verkaufte binnen weniger Jahre mehr Autos als alle Hersteller vor ihm. Sowohl Dampf- als auch Elektroautos waren nun weit teurer als Benziner, es setzte sich also am Ende die billigste Technologie durch. Zu ahnen war das Anfang des 20. Jahrhunderts nicht, und jeder schätzte die Chancen anders ein.

1907 stieg auch der deutsche Konzern Siemens in den Markt ein. Unter dem Dach der Siemens-Schuckert-Werke entstand eine Autofertigung, die sich natürlich ausschließlich auf den Elektro-

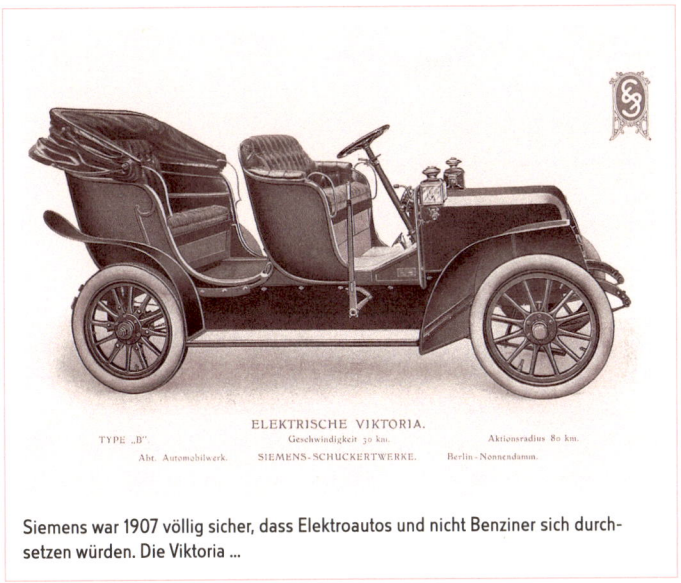

ELEKTRISCHE VIKTORIA.

TYPE „B".                Geschwindigkeit 30 km.              Aktionsradius 80 km.

Abt. Automobilwerk.        SIEMENS-SCHUCKERTWERKE.        Berlin-Nonnendamm.

Siemens war 1907 völlig sicher, dass Elektroautos und nicht Benziner sich durchsetzen würden. Die Viktoria ...

antrieb konzentrierte, war Siemens doch weltweit führend bei der Entwicklung elektrischer Nahverkehrsmittel – von Straßenbahnen bis zu Oberleitungsbussen.

Was Siemens dann vorstellte, war ein modulares Konzept: Ein Plattformauto, das sich technisch kaum von den anderen unterschied, aber dank vier verschiedener Chassis-Aufbauten in grundverschiedener Gestalt daherkam, je nach Nutzung. Das Grundmodell dieses Stadtwagens Type B, die Viktoria, war ein offener Viersitzer, dessen Passagiersitze mithilfe eines wegklappbaren Regendaches geschützt werden konnten – ein Cabrio, würden wir heute sagen. Das Landaulet war nichts anderes als die Hardtop-Version desselben Fahrzeugs, wobei allerding nur die Passagiere auf der Rücksitzbank in einer geschlossenen Kabine vor dem Wetter geschützt waren – nicht ungewöhnlich in einer Zeit, zu der Automobile ihr Kutscherbe längst noch nicht komplett abgelegt hatten.

Ein heute ziemlich seltsam anmutendes Zwischending war die Droschke, die offen war, zwischen Fahrer und Passagiere aber eine feste Zwischenwand hatte. An dieser wurde bei Schlechtwetter das Faltdach befestigt, sodass die zahlenden Gäste schön im Trockenen saßen – die Droschke war als Taxi gedacht.

Die größte Bauform schließlich setzte einen deutlich vergrößerten Kasten auf den rückwärtigen Teil des Rahmens. Dieser »Hotelbus« nahm im hinteren Bereich bis zu sechs Personen auf. Das erhöhte Gewicht ging allerdings zu Lasten der Leistung.

Der Stadtwagen Type B dokumentierte so gleich mehrere Dinge, die typisch waren für diese Phase der Elektrofahrzeuge: Gedacht waren die als völlig normale Straßen-Stadtfahrzeuge. Sie litten – ähnlich wie E-Fahrzeuge heute – an vergleichsweise geringen Reichweiten, obwohl die Type B im Laufe ihrer Entwicklungszeit sogar eine Energie-Rückgewinnung aus Bremsvorgängen verpasst bekam.

Im Betrieb waren die Siemens-Wagen unschlagbar billig, Siemens bezifferte die Stromkosten auf 3,2 Pfennige für 80 Kilometer. Und nicht einmal der Kaufpreis sprach gegen sie: Die Preisspanne des Stadtwagen Type B mit je nach Modell 11.000 bis 17.500 Reichsmark lag exakt auf dem gleichen Niveau wie die damals ebenfalls modular in verschiedenen, vergleichbaren Formen angebotenen Mercedes Simplex, für dessen Spitzenmodelle sogar bis zu 20.000 Reichsmark aufgerufen wurden.

Was die Kosten betraf, so hatten E-Fahrzeuge um 1906/1907 ihre Nachteile, die sie zur Zeit des Lohner-Porsche noch so offensichtlich hatten, verloren. Das Rennen hätte ab hier offen verlaufen müssen. Tatsächlich erlebten E-Fahrzeuge in den USA genau ab dann bis circa 1915 ihre größte Verbreitung – natürlich in den Metropolen. Im weit weniger urbanen Deutschland aber ging die Rechnung nicht auf. Hatte Porsche von seinem astronomisch

ELEKTRISCHER HOTELOMNIBUS.

TYPE „B".

Geschwindigkeit 25 km.

Aktionsradius 65 km.

Abt. Automobilwerk.     SIEMENS-SCHUCKERTWERKE.     Berlin-Nonnendamm.

... bot Siemens als Plattformauto gleich in vier Modellvarianten an, die sich deutlich voneinander unterschieden

teuren Mixte- und Semper-Vivus-Wagen noch rund 400 Exemplare verkaufen können, fanden nur rund 50 Siemens-E-Wagen einen Käufer.

Denn 1907 war der Punkt erreicht, an dem sich die Preise der verschiedenen Plattformen wieder auseinanderdividierten: Benzin und Benziner wurden immer billiger, E-Technik hingegen nicht – sie stagnierte sowohl leistungsmäßig als auch preislich.

Siemens zog bald schon die Konsequenzen und kaufte mit Protos eine Automarke auf, die neben E-Wagen auch Benziner herstellte. Den Bau von Elektrowagen ließ man bis 1911 auslaufen, in den USA hielten sich die Hersteller hingegen bis weit in die 1930er Jahre. Sein Gastspiel im Automobilmarkt beendete Siemens 1926, als es Protos an den Konkurrenten AEG verkaufte. Ein Jahr später war die Marke tot.

## Mary, oh Mary:
## Die Opfer des Fortschritts

Mag sein, dass Mary Ward (1827–1869) so oder so Geschichte geschrieben hätte: Die Irin war eine herausragende Nachwuchs-Wissenschaftlerin und Autorin zu einer Zeit, als man Frauen beides noch nicht zutraute. Es machte sie berühmt und – neben Queen Victoria und der Astronomin Mary Somerville, nach der man später ein College der Universität Oxford benennen sollte – zur damals einzigen Frau, die in die Korrespondenzliste der elitären Royal Astronomical Society aufgenommen wurde.

Die Gesellschaft war männlich dominiert, Wahlrecht und erste Ansätze zur Gleichstellung noch Jahrzehnte entfernt. Gerade die Wissenschaft war ein reiner Männerclub und sollte dies noch lange bleiben. Was Frauen zum Erkenntniszuwachs beizutragen hatten, wurde gern genommen, aber sehr selten gewürdigt. Noch 50 Jahre nach Mary Ward wurde Marie Curie die Ehre der Aufnahme in Frankreichs Académie des sciences verwehrt, obwohl sie bereits einen Nobelpreis verliehen bekommen hatte.

Zu Mary Wards Zeiten war für Frauen noch nicht einmal ein Studium denkbar, und die damaligen Schriftstellerinnen veröffentlichten vorzugsweise unter männlichen Pseudonymen – denn von Frauen geschriebene Bücher fanden nur in absoluten Ausnahmefällen einen Verleger.

Umso außergewöhnlicher war die wissenschaftliche Karriere dieser Dame, die natürlich nur deshalb denkbar war, weil sie in privilegierte Kreise hineingeboren wurde.

Sie war eine Cousine von William Parsons, dem Grafen von Rosse, und heiratete später Henry Ward, den Viscount von Bangor, gehörte demnach also zur anglo-irischen High Society. Ihre Bekanntheit gründete aber keineswegs auf dem Ruhm oder Reichtum ihrer Familie.

Die als Mary King im ländlichen Kaff Ferbane geborene Frau machte sich ihren Namen selbst. Ihr Cousin William Parsons, Herr auf Castle Birr, war kein Lebemann, sondern begeisterter Hobby-Wissenschaftler. Viele Reiche und Angehörige des Landadels widmeten sich mit Begeisterung den neuen technologischen Möglichkeiten. Mitte des 19. Jahrhunderts stand es einem adligen Intellektuellen gut, seine Tage nicht mit Fuchsjagden zu vergeuden, sondern seine Bildung und Kreativität in Technik zu investieren – sei es, um sich als Förderer des Fortschritts in die Geschichte einzuschreiben, sei es, um Profit zu machen.

Parsons und seine Söhne wollten beides, und sie hatten die Mittel, ihre Ambitionen auszuleben: Parsons erbaute auf seinem Grundbesitz unter anderem das Ross Six Foot Telescope, das von 1845 bis 1917 das größte Teleskop der Welt sein sollte – ausgerechnet im verregneten Irland. Mary Ward dokumentierte den Bauprozess mit zahlreichen Skizzen, ihr zeichnerisches Talent fiel dabei erstmals auf.

Was sich Mary Wards Cousin William Parsons in den Garten stellte, blieb über 70 Jahre das größte Teleskop der Welt

So soll es der Astronom James South gewesen sein, dem Marys Talent ins Auge stach, als er sich ihre Zeichnungen von Insekten ansah, die sie vorher durch ein Vergrößerungsglas betrachtet hatte. Angeblich überzeugte South Marys Vater, ihr ein Mikroskop zu schenken – für Mary der Beginn einer Obsession und der Grundstein für eine zu ihrer Zeit ungewöhnliche Karriere.

Natürlich konnte sie nicht studieren, Universitäten nahmen Frauen normalerweise nicht auf (es gab seltene Ausnahmen). Weil aber ihr Cousin zum Präsident der wissenschaftlichen Royal Society Großbritanniens ernannt wurde, fehlte es ihr glücklicherweise nie an Input und Gesprächspartnern mit Expertise. Sie lernte autodidaktisch, und derart viel, dass sie selbst zu einer Fachgröße wurde: Ihr erstes Buch, eine Anleitung zur Mikroskopie und Dokumentation des Lebens im Kleinen, verlegte sie selbst, statt sich – wie damals üblich – ein männliches Pseudonym oder einen Strohmann zu besorgen. Das Buch verkaufte sich in rekordverdächtiger Zeit – und bescherte ihr einen regulären Vertrag mit einem Verleger.

Mary Ward wurde somit zur gefeierten populärwissenschaftlichen Autorin: Die Bücher der Autodidaktin, leicht verständliche Einführungen in das wissenschaftliche Arbeiten mit Mikroskopen, von ihr selbst reichhaltig bebildert, wurden zu Bestsellern. Ihr Erstling erlebte acht Neuauflagen, zwei weitere Bücher folgten, dazu etliche Artikel. Zu mehr fehlte ihr die Zeit.

Neben gesellschaftlichen Verpflichtungen war sie bis 1869, auf dem Höhepunkt ihres Ruhms, auch sieben Mal Mutter geworden. Ihr Mann Henry, der in britischen Kolonialkriegen zum mehrfach ausgezeichneten Helden geworden war, hatte den Dienst quittiert, wurde nun aber als Repräsentant der nordirischen Grafschaft Down ins britische Unterhaus gewählt. Mary und ihre Kinder verbrachten auch deshalb weiterhin mehr Zeit im Haus der Parsons als auf dem eigenen Herrschaftssitz Castle Ward bei Strangford. Als ihr Leben am 31. August 1869 plötzlich und gewaltsam endete, war Mary Ward gerade einmal 42 Jahre alt. Ihr Tod machte über die Grenzen Irlands hinaus Schlagzeilen, weil er so ungewöhnlich war. Bis heute unvergessen blieb Mary Ward nämlich nicht wegen ihrer Bücher, sondern aus einem anderen, makabren Grund: Sie gilt als das erste namentlich bekannte Verkehrsopfer durch einen Motorwagen.

Ihr Cousin William Parsons hatte sich das Vehikel nach selbst entworfenen Plänen bauen lassen, wahrscheinlich unter fleißiger Beteiligung seiner jüngsten Söhne Charles Algernon (zum Zeitpunkt des Unfalls 15 Jahre jung) und Richard Clere (18 Jahre). Beide sollten später Ingenieure werden, Richard als Eisenbahnbauer in Südamerika und Charles als Entwickler neuer Technologien: Berühmt ist er bis heute für die Entwicklung der Dampfturbine – der direkte Vorläufer der Antriebe, die bis heute in Schiffen und Flugzeugen zum Einsatz kommen. Mit seinem spektakulären Schnellboot »Turbinia« sollte Charles Parsons 28 Jahre später den Schiffsbau regelrecht revolutionieren und so aus dem Schatten des populären, mitunter überlebensgroß erscheinenden Vaters treten. 1869 aber war das Schrauben an Dampfmaschinen und die Konstruktion von Motorwagen noch Hobby und Teil seiner Ausbildung.

16 Jahre, bevor Karl Benz seinen ersten Benzinwagen montierte, waren Automobile – zu dieser Zeit natürlich dampfbetrieben – durchaus nichts Neues mehr. Dampfbusse, Schwerlaster und Taxis verkehrten an vielen Orten Großbritanniens und Irlands seit mehr als 40 Jahren. Kleinere Fahrzeuge für den Personenverkehr zu bauen war allerdings noch immer eine Herausforderung, wenngleich eine durchaus zu bewältigende. Charles Parsons Dampfwagen galt als stabiles und sicheres Gefährt.

Am Morgen des 31. August 1869 nahm Richard Biggs, der Hauslehrer der beiden jüngsten Parsons-Söhne, auf dem Fahrersitz Platz.

Hinter ihm saßen die Jungs, wiederum dahinter Henry und Mary Ward, auf »erhöhten Sitzen«, wie es bei der gerichtlichen Untersuchung ihres Todes heißen sollte. Die Fahrt verlief in ruhigen Bahnen: Kurz nach der kleinen Reisegruppe in ihrem Dampfwagen machten sich auch der zweitälteste Parsons-Sohn Randall, von Beruf Priester, und sein Freund James Rolleston, ein Friedensrichter, in gemütlich schlenderndem Tempo querfeldein ins damals noch Parsonstown genannte Dörfchen auf. Die Chancen der lustwandelnden Gentlemen, mit dem Fahrzeug mitzuhalten, standen bestens: Der »Red Flag Act« begrenzte die zulässige Höchstgeschwindigkeit bei 6 km/h, innerorts bei der Hälfte. So überholten die Gentlemen das Dampfgefährt kurz vor der Ortsmitte, sahen es im Blick zurück noch um eine Ecke fahren – nur um danach Schreie zu hören.

Was in der Kurve geschah, wurde nie geklärt. Sowohl die Fahrgäste als auch zufällig anwesende Zeugen sagten aus, dass das zur Straßenaußenseite zeigende Rad kurz »gesprungen« sei, sich also einen Augenblick gehoben habe. Mary Ward wurde aus dem Sitz geschleudert, sie stürzte nach vorn auf die Straße – und direkt vor das andere Rad des Wagens.

Den Unfall überlebte sie nur wenige Minuten. Der Parsons-Wagen ist nicht erhalten, man weiß wenig über ihn. Die meisten Dampf-»PKW« dieser Zeit, die für vier bis sechs Passagiere gebaut wurden, wogen aber nicht weniger als eine Tonne. Das ganze fatale Gewicht lastete somit auf dem Rad, vor das Mary fiel – ein Stahlreifen, natürlich ohne jede Gummierung. Der Wagen, befand die amtliche Untersuchung, hatte sich mit einer Geschwindigkeit von gerade mal sechs Kilometer pro Stunde bewegt, wenn nicht sogar weniger.

William Parsons soll noch am Abend des Unfalls angeordnet haben, den Dampfwagen zu zerstören und die Reste zu verschrotten.

# Vier sind nicht genug:
## Die bizarre Geschichte des OctoAutos

Milton Othella Reeves (24.8.1864 bis 4.6.1925) gehört zu den Pionieren der Autotechnik: Bis 1896 baute er mindestens vier verschiedene Motorfahrzeuge für bis zu sieben Passagiere. Sein Geld verdiente er nicht nur damit, sondern auch als Zulieferer von Motoren und Kfz-Teilen an andere Manufakturen sowie der Konstruktion höchst erfolgreicher Landwirtschaftsmaschinen und Traktoren. Geschichte schrieb er jedoch, indem er den Komfort der Autotechnik mit echten Innovationen voranbrachte.

Als das Geschäft mit Reeves-Motoren und seinen kutschenähnlichen hochrädrigen Motorfahrzeugen Anfang des 20. Jahrhunderts merklich zu schwächeln begann, suchte der kreative Kopf nach neuen Marktlücken, die er gewinnbringend besetzen könnte.

Eine Idee fand er schnell: Automobile Fortbewegung war zwar in den Jahren zuvor erheblich zuverlässiger geworden, aber keinen Deut bequemer. Der Zustand der Straßen war meist erbärmlich, die meist schlecht gefederten Vehikel gaben jedes Schlagloch an die Wirbelsäule der Passagiere weiter. Gerade bei höheren Geschwindigkeiten führte das allzu oft zu Unfällen, wenn manche Wagen regelrecht von der Straße sprangen. Zudem waren die Autos groß und schwer, und die Kombination all dieser Dinge erhöhte den Verschleiß: Nicht zuletzt das über lange Zeit völlige Fehlen einer Federung war schuld daran, dass Mitte des 19. Jahrhunderts die Dampfwagen nicht weitverbreitet waren – nicht nur wegen dem mangelnden Komfort während der Fahrten, sondern auch deshalb, weil die Lebensdauer der Vehikel von Buckeln und Schlaglöchern auf ein Minimum geschüttelt wurde. Egal wie schwer und stabil man die Fahrzeuge auslegte, die Straßen machten ihnen (und den Bandscheiben ihrer Fahrer) über kurz oder lang den Garaus. Das galt natürlich genauso für die neuen Benzinkutschen.

Reeves erkannte, wie man all das auf einen Schlag ändern könnte: Im Eisenbahnbau hatte George Pullman schon zwanzig Jahre zuvor mit seinen Schlaf- und Luxusabteil-Wagons erfolgreich demonstriert, wie man ein sanftes, rüttelfreies Fahrerlebnis erreichen kann. Der Name Pullman steht seitdem für längliche Gefährte luxuriöser Ausstattung. Doch es waren nicht nur Design und Interieur, die Pullmans Wagons von anderen unterschieden: Pullman-Wagen waren deutlich laufruhiger, weil sie auf zwölf statt der damals üblichen acht Räder pro Abteil standen.

Man musste also offenbar nur die Last auf noch mehr Räder verteilen. Statt seinen Pullman – er warb später tatsächlich auch mit dieser Bezeichnung für das Auto – von Grund auf neu zu konstruieren, wählte Reeves den schnelleren Weg des Auto-Tuning: Er kaufte eine Limousine der Edelmarke Overland, verlängerte das Chassis und versah sie mit zwei zusätzlichen Achsen. Ende 1910 war das OctoAuto fertig, für das scheinbar unschlagbare Argumente sprachen: Sanft wie auf Schienen glitt die Karosse, weil immer genügend Räder Bodenkontakt hielten, egal, wie tief die Schlaglöcher ausfielen. Und weniger Reifen sollte das Fahrzeug außerdem verbrauchen, weil sich die Last schließlich auf acht Räder verteilte – Werbung hatte offenbar auch damals nur begrenzten Wahrheitsgehalt.

Seine Werbetour mit dem Prototyp im Jahr 1911, die ihn unter anderem zum ersten Indianapolis-500-Rennen führte, geriet zum viel bestaunten Event, über das die Presse landesweit berichtete. Doch obwohl mancher Schreiber von den neuen Möglichkeiten des rüttelfreien Rasens auf katastrophalen Landstraßen durchaus beeindruckt war und die Begeisterung mit seinen Lesern

Reeves auf Promotion-Fahrt: Das OctoAuto war ein viel bestauntes Kuriosum

teilte, wurde das skurril erscheinende Vehikel doch eher als Kuriosität wahrgenommen: Wer, um Himmels willen, fragte sich die Öffentlichkeit, denkt sich denn so was aus? Ein zugleich edel und bescheuert aussehendes Auto, das zwar mit einem enorm guten Geradeauslauf werben kann, aber es kaum um eine Kurve schafft? 6,10 Meter lang, aber mit 3.200 Dollar auch fast viermal so teuer wie der Ford T, der erste massenproduzierte Benziner. Jener entwickelte sich gerade zu einer Art Käfer seiner Zeit.

Der enormen öffentlichen Aufmerksamkeit stand folglich ein deutlich weniger ausgeprägtes Kaufinteresse gegenüber: Reeves verkaufte kein einziges OctoAuto.

Doch entmutigen ließ er sich nicht. Er nahm die Kritik an und wählte den Weg des Kompromisses.

Bereits 1912 glaubte er, sein Konzept so weit wie notwendig verbessert zu haben. Das Nachfolgemodell, das die Vorteile des OctoAutos bewahren sollte, seine Nachteile aber minimieren, verfügte vorn nur noch über eine Achse mit zwei Rädern, während hinten weiterhin vier Räder die Last auf die Reifen verteilten. Das SextoAuto, warb Reeves mit ausgiebigen Anzeigenschaltungen in US-Zeitungen, sei die »Schwester des OctoAutos« – als sei das etwas

Wunderbares und nicht etwa ein völlig unverkäufliches Konzept. Die Reifenabnutzungs-Ersparnis würde, folgt man Reeves Logik, bei sechs statt acht Reifen unbedingt kleiner ausfallen. Dafür bewegte sich der Kaufpreis nun allerdings in Richtung 5.000 Dollar.

Abgespeckte Version: Auch mit zwei Rädern weniger blieb das Konzept ein Ladenhüter

Damit war das SextoAuto gut doppelt so teuer wie die meisten anderen Edelkarossen der Zeit. Der Preis des Ford T, des inzwischen allgegenwärtigen Autos für jedermann, näherte sich hingegen 500 Dollar an – die Kiste wurde immer billiger. In heutige Kaufkraft übersetzt kostete der Ford T immerhin noch knapp unter 15.000 Euro, was das SextoAuto zum Äquivalent eines 150.000-Euro-Luxusschlittens machte. Zu Reeves Enttäuschung gab es für das SextoAuto wohl auch darum genauso viele Interessenten wie für das OctoAuto – keinen einzigen. Auch dieser Prototyp blieb ein Unikat.

Die Idee allerdings nicht. Mindestens zwei weitere amerikanische Manufakturen hatten sich bereits an sechsrädrigen Fahrzeugen versucht. Einer der Entwickler war Charles T. Pratt aus dem Staat New York. Das von ihm entworfene Sechs-Rad-Konzept war Reeves Konstruktion technisch sogar überlegen. Pratt ließ sich sein Steuerungssystem, bei dem die Räder der mittleren Achse mitlenkten und das Fahrzeug dadurch wendiger und weniger steif machten, sogar patentieren.

Doch auch sein Konzept floppte auf dem US-Markt: Sechs Räder erschienen den Amerikanern nicht weniger verrückt als acht.

Anders sah es in Europa aus, wo man das Thema Automobil zuweilen pragmatischer anging. Dort entwickelte, baute und verkaufte die französische Autoschmiede Renault ab Anfang der 1920er Jahre mit einigem Erfolg sechsrädrige Autos, Busse und Lastwagen, teils für das Militär aufgearbeitet.

Sechsrad-Renault: Als Expeditions- und Militärfahrzeug bewährte sich das Konzept

Die Franzosen hatten sechs Räder als Mittel entdeckt, schwer beladene Fahrzeuge erfolgreich von A nach B zu bringen, selbst wenn gar keine Straße vorhanden war. Die ersten drei Wagen wurden eigens als Geländewagen für eine Art Extrem-Ralley entworfen: Sie fuhren 1924 von Algiers im damals noch französischen Algerien rund 2.500 Kilometer quer durch die Sahara nach Bourem im heutigen Mali – und wieder zurück.

Wie LKW stützten sich diese Fahrzeuge auf jeweils zwei Reifen pro Achsseite, verfügten streng genommen also sogar über zwölf Räder auf drei Achsen. Letztlich ersetzte der Doppel- aber den damals weniger verfügbaren Breitreifen. Sechsrädrige Fahrzeuge blieben in den Folgejahren ein Erfolgskonzept für Renault, wenn auch nur bei Militärfahrzeugen sowie auf den rauen Pisten des schwarzen Kontinents.

Auf dem US-Markt, auf dem Design längst keinen Deut weniger wichtig war als Technik, hatten Reeves Sechsräder dagegen keine Chance. Der spektakuläre Doppelflopp mit radreichen Autos, der die Freakshow gescheiterter Automobilkonzepte um zwei herrliche Highlights bereicherte, bedeutete für Reeves' Firma das Ende als Automobil-Manufaktur. Für ihn ging es noch eine Weile mit Landmaschinen weiter, und Geld brachten nach wie vor die Innovationen ein, mit denen Reeves im Gegensatz zu Octo- und SextoAuto das Autofahren tatsächlich angenehmer und sicherer gemacht hatte.

Denn bereits 1897 hatte Milton O. Reeves ein viel profaneres, am Ende aber unendlich lohnenderes Projekt per Patent auf den Weg gebracht, das bis heute in jedem Automobil genutzt wird: Geld und Ruhm erntete Reeves mit der Erfindung des Schalldämpfers – der »Tüte« am Ende des Auspuffs, die so gerne durchrostet. Im Jahr darauf entwickelte er zudem ein erstes Schaltgetriebe und erlöste Autofahrer dadurch von den Fesseln der Maximaldrehzahl.

Bis dahin war die Endgeschwindigkeit eines Autos durch die höchste ohne Motorexplosion erreichbare Drehzahl definiert – die ganz frühen Modelle müssen geklungen haben wie auf Dauer-Vollgas laufende, brüllende Rasenmäher. Durch das »Hochschalten« ließen sich nicht nur höhere Geschwindigkeiten erreichen, es wurden auch Motorverschleiß und Brennstoff-Verbrauch gesenkt – was die Passanten, wie der Schalldämpfer wohl auch, vor dem Tinnitus bewahrte.

Wenn man den Vergleich anstellen wollte, hätte Henry Ford mit seinem Modell T den Wettbewerb um Käufer gegen Reeves' Vielradwagen zwar 15 Millionen zu null gewonnen. Schalldämpfer und Schaltgetriebe aber machten Reeves für die Laufzeit seiner Patente zum Teilhaber am Verkaufserfolg jedes einzelnen Ford T und jedes anderen in den USA hergestellten Modells, Ersatzteile nicht zu vergessen. Es machte ihn zu einem sehr reichen Mann, der am Ende seines Lebens über 100 teils beeindruckend profitbringende Patente hielt.

Reeves starb 1925 im Alter von nur 60 Jahren an einer schweren Lebererkrankung. Vergeblich hatte er versucht, in John Harvey Kelloggs Battle-Creek-Sanitorium mithilfe von Elektro- und Wassertherapien Heilung zu finden. Ob Reeves wusste, dass zwei Jahre zuvor noch einmal jemand versuchte, das OctoAuto zu einem Erfolg zu machen, ist nicht bekannt.

1923 hatte jemand ein achträdriges Automobil zum Patent angemeldet, was Reeves selbst versäumt hatte. Das Patent wurde wenige Wochen vor Reeves Tod gültig – und einem Erfinder namens Rivas zugesprochen. Weil jener ansonsten keine Spuren hinterließ und auch wegen dem ähnlich klingenden Namen gibt es Gerüchte, Reeves könnte mit dem Patent zu tun gehabt haben. Geändert hat die Patentierung nichts: Die Zahl der tatsächlich im Lauf der Automobilgeschichte gebauten Octomobile lässt sich an einer Hand abzählen.

## Atlantische Träume:
## Das letzte große Hindernis

Innerhalb weniger Jahrzehnte war die westliche Welt quasi zusammengeschnurrt: Distanzen, die man eine Generation zuvor nur in monatelangen Mühen überbrücken konnte, erreichte man nun per Zug innerhalb von Tagen. Der Telegraf schuf Kommunikationsverbindungen in Echtzeit. Was blieb, war der Atlantik: Selbst an der schmalsten Stelle ging das Weltmeer wie ein 3.000 Kilometer breiter Riss durch die westliche Welt, trennte Europa von Amerika.

Natürlich wurden auch bei der Überquerung dieses enormen Hindernisses neue Rekordmarken gesetzt. Nirgendwo verbreitete sich die Maschinenkraft schneller als in der Schifffahrt, und die Entwicklungssprünge waren enorm.

Am 4. April 1838 verließ der Dampfsegler Sirius, ausgestattet mit einer 320 PS leistenden Dampfmaschine, den Hafen der südirischen Stadt Cork. Das Schiff sollte gleich zwei Rekorde aufstellen: Geschichte schrieb sie, weil sie als erstes Schiff ausschließlich per Dampfkraft den Atlantik überquerte. Dazu kam ein neuer Geschwindigkeitsrekord. Sie lief nach nur 18 Tagen und vier Stunden im Hafen von New York ein – damals eine atemberaubende Leistung, die die Kraft und Zuverlässigkeit der neuen Schiffstechnik eindrucksvoll dokumentierte. Noch eindrucksvoller war dann allerdings, dass nur wenige Stunden später auch das Dampfschiff Great Western in New York anlegte – nach einer Atlantiküberfahrt in nur 15 Tagen und 12 Stunden.

Damit war das Rennen eröffnet. Zahlreiche Reedereien versuchten, die Rekorde ihrer Konkurrenz zu unterbieten. Vor allem die Schiffe der Cunard-Linie aus dem britischen Southampton taten sich hierbei hervor. Rund 30 Jahre lang setzten fast ausschließlich

Cunard-Schiffe die Bestmarken und schmückten sich mit dem Blauen Band, das nun an das jeweils schnellste transatlantische Schiff verliehen wurde.

1850 hatte man die Überfahrtzeit auf neun Tage, 17 Stunden und 15 Minuten verkürzt, sechs Jahre später schaffte es der Cunard-Dampfer Persia erstmals in unter neun Kalendertagen. Die 1870er sahen das Sinken der Überquerungszeit auf sieben Tage, und pünktlich zum Beginn der 1880er wurde die Sechs-Tage-Grenze gerissen – der sich immer schneller verbreitende Schiffsschrauben-Antrieb machte es möglich. Viel schneller ging es allerdings bald nicht mehr: Bis zum Ende des Jahrhunderts hatten die Reeder die Überfahrtzeit auf fünfeinhalb Tage verkürzt. Weitere Verbesserungen gab es nur im Stunden- oder Minutenbereich. Es sollte noch 30 Jahre dauern, bis auch die fünf Tage unterboten wurden. Als das Ende der nach regelmäßigem Plan fahrenden Transatlantikrouten nahte, lag die 1952 gesetzte Rekordmarke bei drei Tagen, 12 Stunden und 12 Minuten – die United States hatte den Atlantik mit einer Schnittgeschwindigkeit von fast 66 km/h bezwungen.

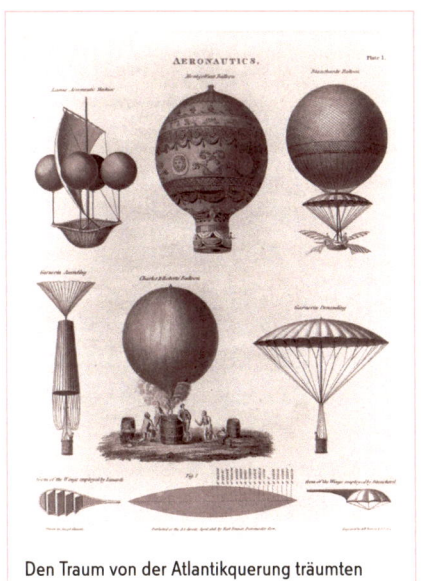

Den Traum von der Atlantikquerung träumten viele »Aeronauten«

Schon lange vorher dämmerte vielen, dass der Ozean wirklich schnell nur fliegend überquert werden könnte. Im April 1784 hatte George Washington von den ersten erfolgreichen, im Jahr davor gelungenen Ballonflügen der Gebrüder Montgolfier erfahren. An einen Freund in Frankreich schrieb er, dass dann wohl bald die Franzosen durch die Luft geflogen kämen, »statt den Ozean zu durchpflügen, um nach Amerika zu kommen«.

Eine prinzipiell richtige Einschätzung: Versuche gab es reichlich, und zwar in Form von Ballons. Doch leider sollten diese sich schon bald als reichlich ungeeignete Luftvehikel für den transatlantischen Passagierverkehr erweisen.

Verlockend war der Gedanke natürlich. Die Entdeckung starker und schneller Winde in großen Höhen ließ die Phantasien erblühen: In unter einer Woche, errechneten die »Aeronauten«, wie sich die Ballonfahrer nannten, sollte die Strecke Paris-New York zu schaffen sein. Erste konkrete Pläne schusterte im Jahr 1836 der Brite Charles Greene. Es blieb bei Plänen.

1859 taufte schließlich John LaMountain einen Ballon auf den Namen Atlantic, und natürlich sollte Nomen hier gleich Omen sein. Auch er scheiterte, bewies aber vorher noch die grundsätzliche Möglichkeit, sich per Ballon über große Distanzen schnell fortzubewegen. Sein Testflug von St. Louis nach New York endete zwar nach rund 1850 Kilometern mit einer Bruchlandung, für die Strecke hatte er jedoch nur 19 Stunden gebraucht, also eine Durchschnittsgeschwindigkeit von 97 km/h vorgelegt. Der *Scientific American* rechnete hoch: »Wenn ein Ballon sich mit derselben Geschwindigkeit, mit der sich der Atlantic von St. Louis aus bewegte, über den Ozean flöge, würde es nur zwei Tage von New York nach England dauern. Das scheint keine unmögliche Aufgabe.«

LaMountain restaurierte seinen Ballon. Knapp zwei Monate nach der Bruchlandung stieg er erneut zu einem kleinen Testflug auf, der als Generalprobe für die Ozeanüberquerung gedacht war. Vier Tage später wurden LaMountain und ein Mitfahrer aus den Wäldern von Oregon gerettet, wo sie ziellos umherirrten: Der Ballon hatte sie in nur vier Stunden fast 500 Kilometer weit hinfortgerissen und war dann in der kanadischen Wildnis zerschellt. LaMountain gab seine Pläne danach auf.

Für John Wise, seinen Kopiloten auf der Ballonfahrt von St. Louis, galt das nicht. Ihm gelang es 1873, die Zeitung *New York Daily Graphic* als Sponsor für eine Atlantiküberquerung zu gewinnen. Der Versuch scheiterte bereits, als der Ballon beim Aufblasen platzte – nun hatte auch Wise die Nase voll. Nicht so jedoch sein Partner Washington H. Donaldson, ein Artist, dessen vorgesehene Rolle es eigentlich nur gewesen war, für die Zeitungsleute ein paar gewagte Seiltanzübungen auf dem Ballon zu vollführen. Doch Donaldson hatte Blut geleckt, er wollte zum Luftfahrtpionier werden. Am 6. Oktober 1873 hob er, begleitet von Reportern, ab. Wie lange er für die rund 100 Kilometer bis zur Absturzstelle brauchte, ist nicht überliefert – wohl aber der Spott der zeitgenössischen Presse.

Der Sponsor aus der Zeitungswelt zog sich zwar zurück, Donaldson hingegen ließ sich nicht entmutigen. Ein weiteres Mal restaurierte er den Ballon, mit dem Plan, den Rekord doch noch zu schaffen. Wie die Testfahrt über den Lake Michigan endete, ist nicht bekannt. Die Leiche von Newton Grimwood, dem Reporter, der ihn begleitet hatte, wurde Wochen später angeschwemmt, Donaldson selbst blieb verschollen. Ähnlich erging es John Wise, der sich schließlich doch noch zu einem Versuch aufgerafft hatte. Am 29. September 1879 verschwand auch er spurlos über dem Lake Michigan.

Zuletzt sollte der Ballonfahrer Samuel King acht Jahre später auf demütigende Weise an der ambitionierten Aufgabe scheitern. Der Absturz seines Great Northwest beendete die Versuche der Luftüberquerung des großen Ozeans, die in Wahrheit nie begonnen hatte: Alle Pioniere, die entsprechende Pläne hegten, waren schon bei ihren Testflügen gescheitert.

Flug-Utopien: Postkarte mit steuerbaren Ballons, ca. 1900

Erst ab 1958 versuchten es Ballonfahrer erneut, da galt die Ballonfahrt längst als eines der letzten großen Abenteuer. Erst am 17. August 1978 schafften es Ben Abruzzo, Maxie Anderson und Larry Newman nach einer 137 Stunden langen Ballonfahrt, in der Nähe von Paris zu landen. Alle anderen Versuche waren gescheitert, fünf Ballonfahrer kamen dabei ums Leben.

Auf die transatlantische Luftfahrt musste die Welt bis 1919 warten. Am 14. Juni des besagten Jahres flogen John Alcock und Arthur Whitten Brown mit einem britischen Vickers-Vimy-Doppeldecker Nonstop von Neufundland nach Irland. Den Gesetzen der statistischen Wahrscheinlichkeit gehorchend, landete die Maschine mit der Nase voran in einem Moor an der irischen Westküste. Die beiden Piloten hatten aus der Luft eine grüne Wiese ausgemacht, und das mitten in Connemara – einer der schönsten und nassesten Ecken Irlands.

Nur rund zwei Wochen später gelang auch ein Flug von Ost nach West: Das britische Luftschiff R34 schaffte die Strecke in nur vier Tagen, auf dem Rückweg brauchte es sogar nur drei Tage. Zeppeline, wie man die Luftschiffe in Deutschland nannte, wurden damit zu den ersten tauglichen Luftfahrzeugen, die die Atlantikquerung nicht nur als sportliche Leistung vollbrachten.

# 4 MASCHINEN UND GESUNDHEIT

## Sex: Do it yourself
## (aber gib vor, etwas anderes zu tun)

Es wird oft behauptet, dass die Existenz der weiblichen Sexualität, insbesondere die des weiblichen Orgasmus, bis spät ins 19. Jahrhundert nicht bekannt gewesen sei. Nichts ist unmöglich, aber sehr wahrscheinlich ist das nicht. Richtig scheint zu sein, dass der männliche Teil der Bevölkerung die Existenz der weiblichen Sexualität lange Zeit ignorierte – widersinnigerweise vor allem der gebildete Teil. Darauf deutet zumindest das Fehlen entsprechender Quellen zur weiblichen Lust in der medizinischen und frühen psychologischen Literatur hin: Die Frau wird dort in ihrer Sexualität auf die Fortpflanzung und Brutpflegefunktionen reduziert, und alle »Aufregung« (gemeint ist natürlich Erregung) als widernatürlich, abweichend und krankhaft beschrieben.

Die Literatur liefert aber auch den Beweis, dass diese Form der Blödheit ein Zeitphänomen war, das eher in den gehobenen, man könnte auch sagen steifen gesellschaftlichen Kreisen zu finden war, in denen eine gewisse Deftigkeit in jeder Hinsicht geächtet wurde.

Dabei gehen die ersten pornografischen Darstellungen auf die Steinzeit zurück, schwelgte schon die Antike in Erotik und waren auch die mittelalterlichen Geschichten voller Zoten. Und Mitteleuropa blickte ebenfalls auf eine Tradition erotischer Literatur zurück. In dieser wurde durchaus nicht nur männliche Lust thematisiert. Im später ach so prüden England mauserte sich John Clelands Prostituierten-Memoir Fanny Hill ab 1749 zu einem der meistverkauften Bücher der englischen Sprache überhaupt. Rund 100 Jahre danach hatte eine protestantisch sinnenfeindliche Bürgerschicht ein geistiges Klima geschaffen, in dem Erotik im öffentlichen Leben nichts mehr zu suchen hatte. Zwar waren bis in die Anfangsjahrzehnte des 19. Jahrhunderts Autoren und Maler schon vor die katholische Inquisition zitiert worden, wenn ihrer Kreativität allzu kesse Dinge entsprangen, doch die ersten echten, gesetzlich fixierten Verbote pornografischer und erotischer Werke datieren tatsächlich erst auf die Mitte des 19. Jahrhunderts. Es war der Beginn einer vordergründig prüden, in Wahrheit wohl eher verlogenen Epoche.

Denn generell dürfte die Erkenntnis, dass man die zur Arterhaltung oder zur Erfüllung des Willen Gottes leider nötige Produktion von Nachwuchs durchaus kurzweilig gestalten kann, auf eine Zeit zurückgehen, in der man »Apfel« höchstens mittels schlecht verständlicher Grunzlaute artikulieren konnte. So ist die nächstliegende Frage, die sich uns da heute stellt, schlicht diese: Können unsere Ur-Urgroßeltern wirklich dermaßen dämlich gewesen sein?

Es sieht so aus, zumindest ab einem gewissen Bildungs- und Gesellschaftsgrad. Die »höheren« Stände hatten sich in ein Korsett gesellschaftlicher Regeln gezwängt, die den Umgang miteinander, die Ansichten und Denkweisen bis ins letzte Detail regulierten. Ein Potpourri aus religiös-ideologischen Verklemmtheiten, als Wissenschaft missverstandenen »Erkenntnissen« der Antike, adligen und bürgerlichen Attitüden und Manierismen summierte sich zu einer effektiven Zwangsjacke, die die Wahrnehmung der Welt kanalisierte – offenbar bis hinein ins Intime und Emotionale. Ein Ausleben geistiger oder körperlicher Bedürfnisse, die den Wahrheiten und Normen der Gesellschaft entgegenstanden, war in bestimmten Schichten über lange Zeit nicht akzeptabel.

Das tut gut: Junge Frau mit White-Cross-Vibrator, unverfänglich präsentiert (ca. 1909)

Wer solche Bedürfnisse zu befriedigen suchte, brauchte dafür einen Erklärungskontext, ein Alibi, wenn man so will.

Weibliche Sexualität war zu dieser Zeit rein zweckbestimmt, die Frau opferte sich ihr quasi, allein um die menschliche Art zu erhalten und Gottes Willen zu erfüllen. Dass eine dermaßen heilige Pflicht keinen Spaß machen konnte und durfte, war klar. Und dass so etwas einzig und ausschließlich im gottgesegneten Stand der Ehe passieren konnte, natürlich ebenfalls.

Wohl auch deshalb machte sich ab dem 17. Jahrhundert eine Krankheit breit, die man »Hysterie« nannte. Dieses lange als spezifisch weiblich wahrgenommene Syndrom äußerte sich in verschiedenartigen Verhaltensweisen, die dringend der Therapie bedurften – Wahnsinn drohte! Zum Glück gab es Hinweise aus antiker Zeit, wo die Ursachen des hysterischen Leidens zu suchen wären: In der Gebärmutter – »hystera« ist das griechische Wort für den Uterus.

Schon früh hatten Mediziner aus der Tatsache, dass die Hysterie vornehmlich Frauen im geschlechtsreifen Alter befiel, welche keinen oder nur ungenügenden Umgang mit dem männlichen Geschlecht pflegten, scharfsinnig abgeleitet, dass die Krankheit aus einer mangelnden Versorgung der Gebärmutter mit Spermien resultieren müsse. In solchen Fällen von »Trockenheit« beginne die Gebärmutter im Körper zu wandern und auf andere Organe zu drücken, was Unwohlsein verschiedenster Art verursachen könne. Mit Ausnahme von Kopfschmerzen vielleicht ließ sich auf diese Weise so ziemlich jedes Symptom erklären.

Zumindest wenn man(n) daran glauben wollte. Denn im Grunde war stets klar, dass das nicht die ganze Wahrheit sein konnte. Bereits seit dem 15. Jahrhundert gehörte zu den Diensten der Hebammen auch eine Form der Massage, die die hysterischen Beschwerden zumindest für eine gewisse Zeit zu lindern vermochte. Der neu aufkommende Berufsstand der Frauenärzte erbte diese Aufgabe als eine seine ersten und vornehmsten Pflichten.

Im 19. Jahrhundert erklärten die Frauenheiler diese Form der Massage als Herbeiführung eines sogenannten hysterischen Paroxysmus. Das Wort bedeutet so viel wie »Anfall«, und man kann sich vorstellen, was damit gemeint ist. Im Verlaufe der Behandlung steigerte sich das hysterische Verhalten der Frauen oftmals bis hin zu einem krampfhaften Paroxsysmus. Immerhin führte dieser zuverlässig dazu, dass das hysterische Verhalten zurückging und die arme Patientin endlich Ruhe fand.

Nach dem Paroxsysmus also ging es den kranken Frauen in aller Regel besser, obwohl dadurch natürlich keine anhaltende Heilung zu erreichen war. Sich die erneuten Hysterieanfälle von seinem Hausarzt oder einer Hebamme wegmassieren zu lassen, gehörte zum Glück zu den gesellschaftlich völlig anerkannten Maßnahmen für die Frau von Welt.

Mit der Wende vom 18. zum 19. Jahrhundert und der zeittypischen Verwissenschaftlichung aller möglicher Themen zeichnete sich allerdings immer klarer ab, dass man sich die Ursachen der Hysterie vielleicht doch noch einmal durch den Kopf gehen lassen sollte. An Gebärmutterwanderung glaubte natürlich niemand mehr. Für eine Weile behielt man die These vom spermienunterversorgten Uterus allerdings noch bei, behauptete nun allerdings keine physische Wanderung des Organs durch die Welt des Körpers mehr, sondern eine Auslösung negativer Symptome durch die Gebärmutter selbst, vergleichbar mit einer Entzündung.

Im Jahr 1857 beschrieb der Hamburger Arzt Theodor Wittmaack in seinem Buch *Die Hysterie in pathologischer und therapeutischer Beziehung* in zeittypisch geschraubter Form den Erkenntnisfortschritt. Gerade praktische Ärzte wie er dürften ebendiesen vor allem ihrer empirischen Erfahrung zu verdanken gehabt haben, was sich in der Qualität, Ehrlichkeit und relativen Direktheit der Beobachtung spiegelt. Kein Zweifel, es war Zeit für klare Worte, auch wenn das manch einen empfindlich berührt haben mag. Wittmaack schrieb:

*Es hat Zeiten gegeben, wo man den Uterus und die vermeintlich von ihm aufsteigenden Dünste als alleinige Faktorei der in Rede stehenden Krankheit betrachtete, und es gab andere, wo die Neigung das Übergewicht ge-*

*wann, hysterische für Geistes- (d. h. Gehirn-) Leidende zu halten. (...)*
*Dass die Krankheit vorzugsweise nur beim weiblichen Geschlecht auftritt*
*und hier nie anders, als nach erlangter Geschlechts-Reife, wäre zur all-*
*gemeinen Orientierung ausreichend gewesen. Es geht daraus hervor, dass*
*jedenfalls die sexuelle Sphäre zur Erzeugung derselben die vornehmste*
*Rolle spielt.*

Soll heißen: Irgendwie hätte einem schon mal auffallen können,
dass diese Sache mit der Hysterie irgendetwas mit Sexualität zu
tun haben könnte.

Die Praktiker wussten das aus langer, teilweise sehr langer Erfahrung. Man kann sich vorstellen, dass ein Frauenarzt-Arbeitstag
mitunter ganz schön mühselig ausfallen konnte – zumal, wie die
medizinische Fachliteratur schon sehr früh anmerkte, hysterische
Frauen andere Frauen regelrecht anzustecken schienen. Ärzte be-
obachteten schon früh, dass die erfolgreiche Behandlung bedürfti-
ger Patientinnen oft auch von der Behandlung derer Freundinnen
gefolgt war.

So positiv zu bewerten es sein mag, wenn sich Patienten die
Dienste guter Ärzte weiterempfahlen, trachtete man natürlich
danach, der Hysterie lieber mit Vorbeugung entgegenzuwirken.
So gehörte insbesondere bei jungen Mädchen zu den traditionellen Präventionsmaßnahmen die rechtzeitige Verheiratung oder,
wo das noch nicht angezeigt war, die konsequente Beschäftigung
der jungen Frau mit Aufgaben und Themen, die keinen Raum für
Sehnen nach Samen lassen sollten.

Ein schwieriges Unterfangen, das zudem regionalen und kul-
turellen Unterschieden unterworfen war. So wies auch Wittmaack
in seiner bahnbrechenden Studie darauf hin, dass bereits 12 Jahre
junge Mädchen hysterisch werden könnten. Die physiologische
Ursache hierfür entdeckte der Wissenschaftler, der als einer der
Begründer der Neurologie gilt, nüchtern analysierend in »den ver-

schiedenen Reifungs-Perioden«, die nicht überall gleich abliefen. Wittmaack wusste:

*Im Norden gibt es keine hysterischen Individuen dieses Alters, weil die Geschlechts-Reife später, oft erst mit dem 18.–20sten Jahre (ja, in Gebirgs-Gegenden noch später) vollständig eintritt. Öfter dagegen ist die Hysterie eine so frühzeitige Plage unter südlichen Himmelsstrichen (...). Aus diesem Grund konnte schon J. Frank darauf aufmerksam machen, dass die Hysterie häufiger in Italien vorkomme.*

Tatsächlich! Verwunderlich ist nur, dass sich niemand fand, das interessante Leiden auf klimatische Ursachen hin zu untersuchen – als naheliegende Faktoren wären doch Temperatur oder Luftdruck denkbar gewesen.

Klar schien den Experten der Zeit, dass der Bedarf der Behandlung hysterischer Symptome zwar bei Witwen groß sei, im Klimakterium aber nachlasse.

Zu klären blieb jedoch das Henne-Ei-Problem der Hysterie: Waren die sexuell anmutenden Symptome nun Ausdruck eines geistigen Leidens oder umgekehrt? Beim männlichen Gegenstück, dem Hypochonder, glaubte man daran, dass dessen Leiden vor allem vom Darm verursacht sei. Es ist aufgeklärten Medizinern wie Wittmaack zu verdanken, dass sich hier Mitte des 19. Jahrhunderts endlich etwas tat. Die Mediziner erkannten, dass sie mit solchen mechanistisch anmutenden Ursache-Wirkung-Ketten nicht immer richtig lagen. Zum einen war es offensichtlich so, dass der Mensch nicht einfach wie eine Maschine funktionierte: Es gab keinen Knopf, den man drücken konnte, um stets dieselbe Reaktion zu verursachen. Und umgekehrt konnte ein Symptom eben auch für eine Vielzahl von Ursachen stehen.

Man entdeckte neue Querverbindungen, was aber auch nicht davor schützte, wieder einigen Absurditäten auf den Leim zu gehen:

# ELEKTRISCHER VIELFACH-VIBRATOR MASSIERT DIE KOPFHAUT

**480** künstliche Finger geben der Kopfhaut bei diesem kürzlich vorgestellten Vibrator eine sanfte, wohltuende Massage. Dank ihres geringen Gewichtes kann die Apparatur mit Hilfe von zwei bequemen Handgriffen leicht selbst bedient werden. Die vier vibrierenden Teller arbeiten in Einklang miteinander. Die Maschine soll die Zirkulation des Blutes zur Kopfhaut und zu den Hirnzellen stimulieren und alle Schuppen und losen Haare entfernen.

(*Popular Science*, Oktober 1940)

So nutzt man den neuen Vibrator. Das kleine Bild zeigt die vier Scheiben.

Noch Siegmund Freud pflegte lebhafte, ernsthafte Debatten mit seinem Freund Wilhelm Fließ, dem Entdecker der »nasalen Reflexneurose«. Darunter versteht man die (inzwischen zum Glück weitgehend vergessene) angeblich direkte Verbindung zwischen der Nase und den Geschlechtsorganen der Frau, die für Probleme sorgen konnte. Fließ sah einen Zusammenhang zwischen bestimmten psychischen Leiden, sexuellen Beeinträchtigungen und HNO-Problemen und behandelte seine Patientinnen entsprechend: Klagten sie über sexuelle Probleme, über Hysterie oder nervöse Leiden, behandelte er die Nase.

Seine vier Lehrbücher zur nasalen Reflexneurose wurden Bestseller. Freud selbst distanzierte sich allerdings ab etwa 1902 von der sexuellen Nasenkunde und erklärte in der Folge seine Patienten und Patientinnen lieber für sexuell traumatisiert, jeder auf seine Weise. So verdienstvoll viele von Freuds diesbezüglichen Entdeckungen gewesen sein mögen, der Vater der Psychoanalyse hätte, was seine Sexualität betraf, vielleicht selbst eine gebrauchen können.

Andere Forscher schienen in dieser Hinsicht weiter. Sie unterschieden die »geistigen« Leiden von physiologischen Phänomenen, die – so Wittmaack – mitunter auch Reflex-Charakter haben, also ein durchaus eigenständiges, physiologisches Leiden sein könnten. Nicht im jedem Fall musste ein Symptom immer dieselbe Ursache haben – und eine Ursache mochte vielfältige Symptome aufweisen.

Schließlich sei selbst die Hysterie nicht ausschließlich auf Frauen beschränkt, sondern erfasse durchaus auch Männer. Und das, obwohl denen die angeblich alleinige Ursache, der Uterus, fehlt. Selbstverständlich fielen als Hysteriker nur »schwächliche, reizbare, sehr junge, weibische Subjekte« auf, wie Wittmaack an anderer Stelle einen Kollegen zitierte.

Solche Studien räumten endlich gründlich auf mit den alten Irrlehren, schufen dafür aber neue und bereiteten der kommenden Disziplin der Psychologie und Psychoanalyse den Boden: Auch Sigmund Freuds Interesse daran, was uns alle psychisch ticken lässt, wurde vom Thema Hysterie geweckt. 50 Jahre nach Wittmaacks Studie hatte man letztlich erkannt, dass hier nicht nur Körper und Geist eine Rolle spielten, sondern sogar soziale Faktoren. Meyers Großes Konversations-Lexikon von 1905 erklärt das Thema folgendermaßen:

*Hysterie (griech., v. Hystera, »Gebärmutter«, Mutterweh), eine Krankheit des Zentralnervensystems, bei der keinerlei wahrnehmbare Veränderungen des Nervensystems gefunden werden. Da die H. am häufigsten (es gibt auch männliche H.) beim weiblichen Geschlecht, und zwar vorzugsweise von der Zeit der Pubertätsentwickelung an bis zum Erlöschen der Geschlechtsfunktionen beobachtet wird, und da in vielen Fällen Krankheiten der Geschlechtsorgane die H. begleiten, so hat sich die Ansicht gebildet, daß die H. eine von den Nerven der Geschlechtsorgane ausgehende Störung des gesamten Nervensystems sei. Wenn auch Erkrankungen des Geschlechtsapparates (Gebärmutter, Eierstöcke etc.) eine gewisse Rolle bei der Entstehung der H. ebenso wie viele andre ursachliche Momente spielen können, so wäre es verfehlt, wenn man in allen Fällen, wo keine nachweisbaren Erkrankungen (namentlich chronische Entzündungen) der weiblichen Beckenorgane vorliegen, die H. von widernatürlicher Aufregung und Befriedigung des Geschlechtstriebs herleiten wollte. Das häufige Vorkommen der H. bei kinderlosen Frauen, jungen Witwen und alten Jungfern, zumal in den höhern Gesellschaftskreisen, ist weit mehr von psychischen als von körperlichen Einflüssen herzuleiten.*

Der Lexikon-Eintrag dokumentiert zumindest, dass man Frauen mittlerweile einen Geschlechtstrieb zugestand, der nach Befriedigung strebte (und wo das nicht gegeben war, Probleme verursachen konnte). Gleichzeitig sei das aber nicht immer ursächlich zu nehmen für eine hysterische Erkrankung. Unter Hysterie konnte man also auch leiden, ohne auf sexuellem Entzug zu sein. Trotzdem schien natürlich genau das meistens der Fall. Der Hinweis auf die soziale Komponente bleibt wertneutral und unerklärt, man muss ihn selbst zu Ende denken: Wenn so etwas vor allem in bestimmten Schichten vorkommt, muss das etwas mit deren Lebensweise zu tun haben. Und eben mit körperlichen Bedürfnissen, die im Rahmen dieser Lebensweise nicht hinreichend befriedigt werden.

Medizinern war das spätestens seit Mitte des 19. Jahrhunderts völlig klar, sofern sie den Gedanken an sich heranließen. Die Pragmatiker unter ihnen sahen sich als eine Art Spannungslöser: Als ein Dienstleister, der etwas für seine tugendhafte Patientin tut, das diese selbst nicht tun kann und soll – denn sich selbst zu »manipulieren«, also zu masturbieren, galt nicht nur als untugendhaft, sondern sogar als gesundheitsschädlich. Nicht nur bei Jungen, denen man zumindest einen natürlichen Trieb zuerkannte, den sie nur zu unterdrücken hatten, drohten Wirbelsäulenleiden und geistige Verkümmerung!

Es ist heute sehr schwer vorstellbar, wie Menschen je so dumm sein konnten, derart gegen die eigene Natur zu leben. Die 100 Jahre ab 1850 brachten Extreme im Umgang mit dem Thema Sexualität hervor. Einerseits wurde die Sache pragmatisch gehandhabt, indem man für Befriedigung sorgte und zugleich aber abstritt, dass dies irgendetwas mit Sexualität zu tun hat. Andererseits gab es vor allem in Bezug auf Kinder in Mitteleuropa sadistische Methoden, Lust zu unterdrücken: Mit Spitzen besetzte Penisringe, die Erektionen verhindern sollten. Nachthemden, die es wie Zwangsjacken unmöglich machten, dass sich Heranwachsende selbst berühren. Und ganz und gar nicht lustige Praktiken wie die Klitoralbeschneidung, die wir heute nur noch mit stark religiös geprägten, in Bezug auf Frauenrechte rückständigen Kulturen verbinden. So etwas gehörte noch in der Mitte des 19. Jahrhunderts zu den medizinischen Methoden, mit denen man beispielsweise in England nervöse Leiden und hartnäckige Hysterie bekämpfte. Andere Ärzte experimentierten derweil mit Elektroschocks.

Ärzte, zu deren Behandlungsmethoden die Massage gegen Hysterie gehörte, ersehnten derweil ganz andere maschinelle Hilfe. Dass die Frau sich mithilfe von Gegenständen Befriedigung verschaffen kann, wusste man schon seit dem Neolithikum. Es gibt spätsteinzeitliche Dildos, solche aus dem chinesischen Kaiserreich oder aus dem alten Rom. Der Gedanke, dass so etwas erheblich nützlicher wäre, wenn man die ganze Arbeit nicht selbst erledigen musste, bis Finger und Handgelenke schmerzen, kam nicht nur Ärzten offenbar schon vor 250 Jahren. Der erste dokumentierte

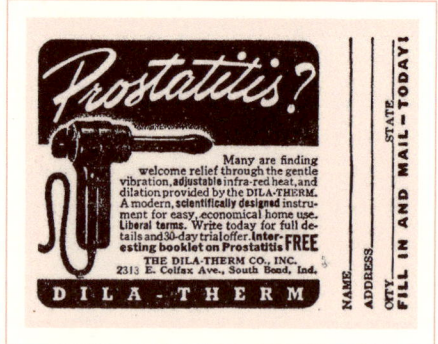

Vibrator wurde von dem jesuitischen Geistlichen und Aufklärer Charles-Irénée Castel de Saint-Pierre im Jahre 1734 gebaut: Sein Tremoussoir zitterte und vibrierte dank eines mechanischen Federwerks, das man mittels eines Schlüssels aufziehen musste. Das pikante kleine Spielzeug wurde jedoch kein Massenartikel. Das passierte erst zur viktorianischen Zeit, die wir heute für eine der prüdesten Perioden der Menschheitsgeschichte halten.

Eingeleitet wurde das 1869 durch den amerikanischen Arzt George Taylor: Sein Manipulator war ein per Dampfmaschine betriebenes medizintechnisches Gerät von höchster Effektivität. Mit seiner Hilfe konnte eine unter Hysterie leidende Patientin sich – natürlich unter ärztlicher Aufsicht – selbst zum Paroxsysmus-Anfall bringen. Der vibrierende Fortsatz lugte aus einer Liege hervor, unter die die eigentliche Maschine montiert war. Das Anheizen des Dampfkessels übernahmen Heizer außerhalb des Behandlungsraums, der Dampf selbst wurde über Rohre zugeführt.

Nicht nur bei den Ärzten schlug das ein wie eine Bombe. In den folgenden Jahren stellten findige Tüftler immer neue Varianten solcher Behandlungsgeräte vor. Mechanische Modelle gab es darunter, druckluftbetriebene und auf pulsierenden Wasserstrahlen basierte.

Etwas Derartiges bot selbst der berühmtberüchtigte John Harvey Kellogg in seinem Battle Creek Sanatorium an. Kellogg war Miterfinder der Cornflakes, vor allem aber ein Arzt und religiöser Fanatiker, der selbst seiner Adventisten-Freikirche irgendwann zu fromm wurde: Diese warteten eigentlich nur noch auf das Jüngste Gericht und schienen keine Lust mehr zu haben, ihre kostbare restliche Zeit mit Kellogg zu verbringen – sie setzten ihn einfach vor die Tür.

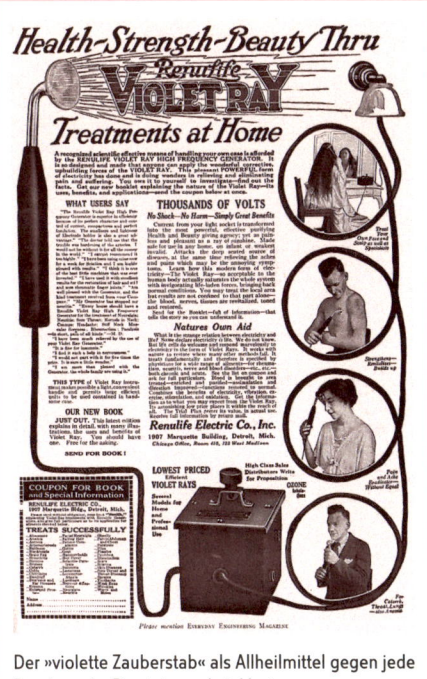

Der »violette Zauberstab« als Allheilmittel gegen jede Beschwerde. Prostatasonde inklusive

Kellogg ließ sich von solcher Kleingeistigkeit nicht beirren und entwickelte nicht nur zahlreiche Therapiemethoden zur Behandlung geistiger und körperlicher Leiden, sondern beglückte die Welt auch mit abstrusen Vorstellungen über ein gesundes, gottgefälliges Leben. Dazu gehörte nicht nur eine vegetarische Ernährungsweise (die Cornflakes!), sondern auch strenge sexuelle Abstinenz. Er selbst lebte in einer Ehe, die er nach eigener Aussage nicht »vollzog«. Stattdessen adoptierte er zusammen mit seiner Frau sieben Kinder und zog über 40 Pflegekinder auf – so kam bei seiner Frau Ella sicher trotz der seltsamen Ehe keine Langeweile auf.

Selbst dieser penetrant fromme, pathologisch sexualitätsfeindliche Mensch aber hatte die althergebrachten »Hystera«-Theorien über den Ursprung der Hysterie derart verinnerlicht, dass in seinem Sanatorium sogar pulsierende Wasserstrahl-Genitalmassagen angeboten wurden. Diese Therapien hatten schließlich nichts mit Sex zu tun, sondern waren Kuren.

Völlig unverfänglich: Vibrierender, »Reittrainer« für den Sport daheim

Solche aufwendigen Behandlungsmethoden bekamen bald schon handlichere Konkurrenz, für die man weder Heizer noch Baderäume mit Pflegepersonal brauchte: Bereits 1883 wurde Joseph Mortimer Granville das Patent auf den elektrischen Vibrator zugesprochen.

Jetzt gab es kein Halten mehr. Bis zur Jahrhundertwende warfen Firmen allein in den USA über 100 verschiedene elektrische Vibrator-Modelle auf den Markt. Noch waren auch diese vor allem der ärztlichen Praxis vorbehalten, wurden sie normalerweise doch mit einer sündhaft teuren, riesig großen Batterie betrieben. Im Vergleich zu den Dampfmaschinen-Vibratoren erschienen sie natürlich trotzdem leicht portabel.

Mit dem Beginn des 20. Jahrhunderts platzte der Knoten endgültig. Die Glühbirnenfassung wurde zur Stromquelle für die medizinischen Hilfsgeräte. Verkauft wurden sie ganz offen, und beworben auch: Die zeitgenössische Presse ist voll mit entsprechenden Anzeigen, genau wie die Kataloge deutscher Versandhäuser und Elektrowarenhändler.

Uns wundert das heute. Der Vibrator ist ein Widerspruch, ein Bruch mit allem, was wir normalerweise mit der prüden viktorianischen Zeit verbinden. Tatsächlich begann aber ausgerechnet um die Jahrhundertwende – den Höhepunkt erreichte das natürlich in den frivolen 1920ern – ein verblüffend freizügiger Umgang mit Geräten, die wir heute als Sex-Spielzeuge sehen würden. Vonseiten Männern wie Frauen. Möglich machte das die aufrechterhaltene Illusion, es gehe dabei nicht um Sex, sondern um Gesundheitspflege – genau wie bei Kellogg.

Und seine Gesundheit war man natürlich stets bereit zu pflegen. Mitte des 19. Jahrhunderts kam in den USA bereits der Trend auf, den eigenen Körper zu optimieren. Sich mittels Maschine selbst zu behandeln gehörte also damals schon zur Normalität.

Die Grenzen zwischen Fitness und Sexualität waren dabei auf bizarre Weise fließend. Eine der seltsamsten Fitness-Maschinen, die der schwedische Arzt Gustav Zander, der Erfinder des modernen Fitness-Studios, in seinen Läden aufstellen ließ, war ein Apparat, der in verschiedenen Höhen und Positionen seinen Anwender (oder seine Anwenderin) reiben konnte. Auch gleich von zwei Seiten, wenn man das wünschte. Es war nicht die einzige Zander-Maschine, die Muskeleinsatz mit Streicheleinheiten belohnte – das gehörte zur »medico-mechanischen Therapie«. Ähnlich sind auch die zahlreichen Reittrainer zu bewerten, die ab 1880 auf den Markt kamen: Sattel-Apparate, auf denen man sich gemütlich im eigenen Heim rütteln und schütteln lassen konnte. Natürlich um die Rückenmuskulatur zu stärken.

Die meisten Maschinen, die das körperliche Wohlbefinden summend mehren sollten, waren jedoch von eindeutigerer Natur. Eine erhebliche Rolle neben den eigentlichen, nur auf mechanische Reize setzenden Vibratoren spielten dabei Reizstromgeräte verschiedenster Bauart und Intensität.

Sie wurden vor allem als Gesundheitsapparate verkauft. Gürtel und Kontakt-Pads, mit denen man sich, wenn man wollte, ganztägig unter Strom setzen konnte, waren die teurere Variante des Magnetgürtels und ähnlicher Quacksalbereien. Heilen sollten sie so ziemlich alles, von Hysterie über Akne bis hin zu Krebs. Magnetische Einlegesohlen sollten mit ihren Feldern die Füße wärmen. Armbänder und Bauchgurte wurden gegen Rheuma, Grippe oder Migräne eingesetzt.

Allein die Konstruktionen aber machten schon klar, dass es letztlich allzu oft um Sex ging: Bei Männern beliebt war etwa der Gürtel mit feinmaschigem Skrotum-Säckchen, in das man die Hoden hängen sollte, auf dass diese über den Tag aufgeladen würden. Strom, erinnerte so mancher Werbeslogan, war schließlich Lebenskraft – bis heute ein oft eingesetztes Synonym für Potenz.

Weit potenter als solche Gerätschaften, die im Grunde nichts bewirkten, waren die Ende des 19. Jahrhunderts zunehmend populären Hochfrequenz-Reizstromgeräte.

Solche Apparate erzeugen Wärme- und – je nach eingesetzter Stromstärke – prickelnde bis stechende Gefühle dort, wo ihre Funken auf die Haut übergehen. Sie kamen aus der Medizintechnik, wo sie auch heute durchaus noch eingesetzt werden: Es gibt zahl-

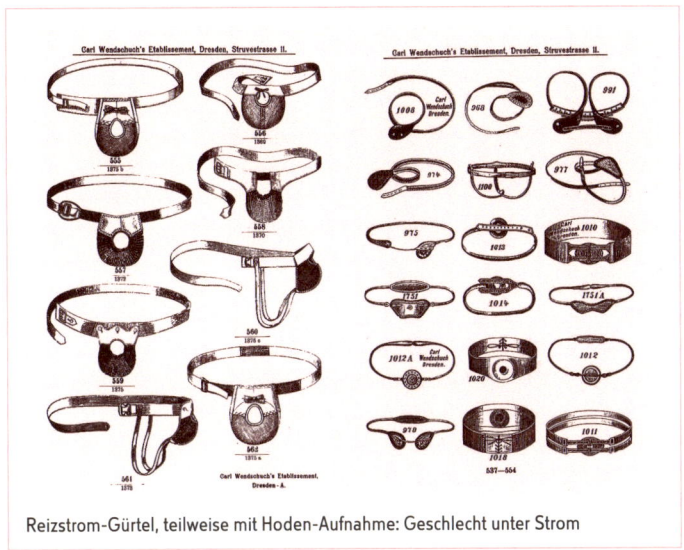

Reizstrom-Gürtel, teilweise mit Hoden-Aufnahme: Geschlecht unter Strom

reiche Anwendungen, die tatsächlich gesundheitsfördernd sind. Das erklärt aber kaum ihren Siegeszug, den sie ab etwa 1910 in privaten Haushalten erlebten.

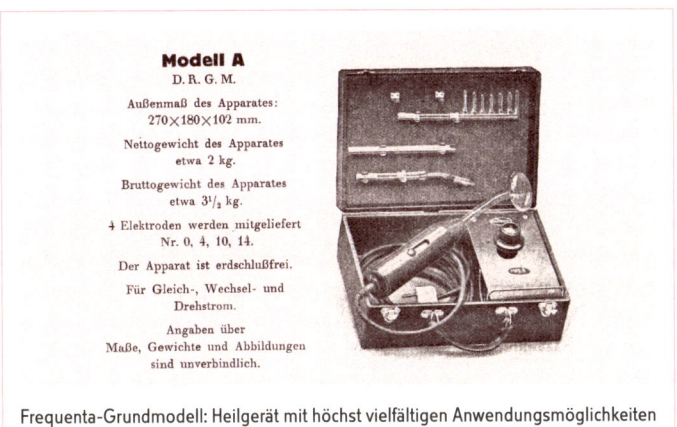

Frequenta-Grundmodell: Heilgerät mit höchst vielfältigen Anwendungsmöglichkeiten

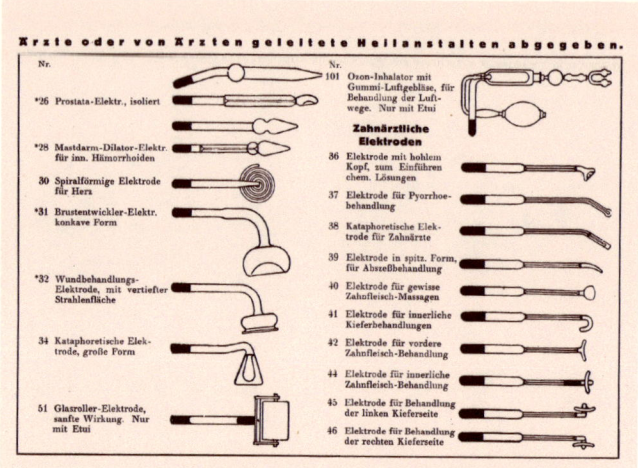

**Ärzte oder von Ärzten geleitete Heilanstalten abgegeben.**

Nr.
*26 Prostata-Elektr., isoliert

*28 Mastdarm-Dilator-Elektr. für inn. Hämorrhoiden

30 Spiralförmige Elektrode für Herz

*31 Brustentwickler-Elektr. konkave Form

*32 Wundbehandlungs-Elektrode, mit vertiefter Strahlenfläche

34 Kataphoretische Elektrode, große Form

51 Glasroller-Elektrode, sanfte Wirkung. Nur mit Etui

Nr.
101 Ozon-Inhalator mit Gummi-Luftgebläse, für Behandlung der Luftwege. Nur mit Etui

**Zahnärztliche Elektroden**

36 Elektrode mit hohlem Kopf, zum Einführen chem. Lösungen

37 Elektrode für Pyorrhoe-behandlung

38 Kataphoretische Elektrode für Zahnärzte

39 Elektrode in spitz. Form, für Abszeßbehandlung

40 Elektrode für gewisse Zahnfleisch-Massagen

41 Elektrode für innerliche Kieferbehandlungen

42 Elektrode für vordere Zahnfleisch-Behandlung

44 Elektrode für innerliche Zahnfleisch-Behandlung

45 Elektrode für Behandlung der linken Kieferseite

46 Elektrode für Behandlung der rechten Kieferseite

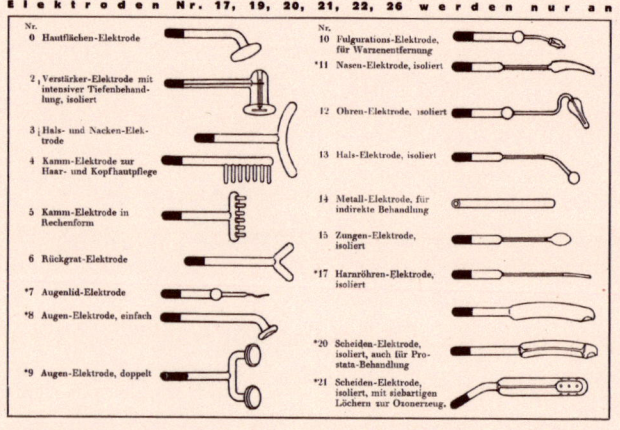

**Elektroden Nr. 17, 19, 20, 21, 22, 26 werden nur an**

Nr.
0 Hautflächen-Elektrode

2 Verstärker-Elektrode mit intensiver Tiefenbehandlung, isoliert

3 Hals- und Nacken-Elektrode

4 Kamm-Elektrode zur Haar- und Kopfhautpflege

5 Kamm-Elektrode in Rechenform

6 Rückgrat-Elektrode

*7 Augenlid-Elektrode

*8 Augen-Elektrode, einfach

*9 Augen-Elektrode, doppelt

Nr.
10 Fulgurations-Elektrode, für Warzenentfernung

*11 Nasen-Elektrode, isoliert

12 Ohren-Elektrode, isoliert

13 Hals-Elektrode, isoliert

14 Metall-Elektrode, für indirekte Behandlung

15 Zungen-Elektrode, isoliert

*17 Harnröhren-Elektrode, isoliert

*20 Scheiden-Elektrode, isoliert, auch für Prostata-Behandlung

*21 Scheiden-Elektrode, isoliert, mit siebartigen Löchern zur Ozonerzeug.

Welche Varianten wegen vaginaler und analer Stimulationsmöglichkeiten nur an Fachleute abgegeben werden durften, stand praktischerweise als »Warnung« im Handbuch

Otto Normalverbraucher wurden sie als Heilmittel für alle Fälle verkauft. Das Frequenta-Modell (Baujahr 1928), das ganz am Anfang der Recherchen zu diesem Buch stand, half angeblich gegen folgende Leiden: Hauterkrankungen, Jucken, Hautröte, Haarausfall, Schuppen, Frostbeulen, Kopf- und Zahnschmerzen, Rheuma, Ischias, Gicht, Hexenschuss, Verdauungsstörungen, Neuralgie, Neurasthenie, Ohrensausen, innere und äußere Hämorrhoiden, Warzen, Hühneraugen, Leberflecken, Muttermale, Tätowierungen, Kopfweh, Migräne, Nervosität, Erkrankungen der Luftwege, Katarre der Nase und Stirnhöhle, Grippe, Rippenfellentzündung, Halsschmerzen, Asthma, Bronchitis und »Rotzkrankheit bei Pferden«. Glaubt man den »wegen Raummangel« nur auszugweise wiedergegebenen Dankschreiben am Ende der Broschüre, verursachte das Frequenta-Gerät mit ein wenig Glück sogar Spontanheilung von Blinden. Daneben diente das Gerät der Schönheitspflege, der Massage von »Gesicht, Nacken und Büste«, »zur Aufladung, Stärkung, Erfrischung, Entfernung der Nervosität und Schlaflosigkeit« und war gut »bei allen Behandlungen in den Körperhohlräumen«.

Bestens versteckt und gleichzeitig glasklar, worum es ging. Damit aber auch wirklich niemand verpasste, was es mit dem Wundergerät auf sich hatte, enthielt die Broschüre strategisch platziert gleich mehrere eindeutige, als Warnungen oder Gebrauchshinweise getarnte Tipps:

*Erst nach Einführung der Elektrode in den Körperhohlraum ist der Strom einzuschalten und vor dem Herausnehmen auszuschalten.*

Geradezu niedlich fällt die Anleitung zur »Behandlungsform 5« aus, bei der die zu behandelnde Person eine Elektrode festhält und von einem Partner eine Massage empfängt, bei der die Ströme über die Fingerspitzen des Partners laufen:

*Die Hilfsperson, meist aus der eigenen Familie, streicht sanft bei bestän-
digem Kontakt mit den Fingerspitzen beider Hände über die schmerzenden
oder zu heilenden Stellen. (...) Das Blut wird nach den Berührungsstel-
len gezogen und dadurch der Kopf entlastet.*

Ja, das sollte man bei Kopfschmerz unbedingt machen.

Wer die hauptsächliche Zielgruppe war, obwohl solche Reizstrom-
Sets regelmäßig etwa auch Prostata-Stimulationssonden enthielten,
blieb ebenso wenig im Verborgenen:

*Frauen, erhaltet euch eure Jugendfrische durch den Hochfrequenz-Heil-
strom! Je 5 Minuten am Morgen und Abend genügen. Elektroden mit Neon-
Edelgas gefüllt, mit weicher Wirkung, sehr empfehlenswert.*

Das Gas sorgte für einen weiteren Effekt: Die oft bizarr geformten
Röhren, die es in zahllosen Varianten gab, leuchteten sanft im Dunkeln. Im englischen Sprachraum bekamen sie darum bereits in den
1920er Jahren den Spitznamen »Violet Wands« – violette Zauber-
stäbe. Diese Klassiker gelten heute als Sexspielzeuge und erfreuen
sich vor allem in der Leder-Szene großer Beliebtheit.

Wer nicht glauben mag, dass diese Art der Nutzung schon damals
der Normalfall war, sei noch einmal auf die Broschüre von 1928 ver-
wiesen. Die prominenteste, fett und groß gedruckte Warnung lautete:

*Auf Grund des am 1. Oktober 1927 in Kraft getretenen Gesetzes zur Be-
kämpfung der Geschlechtskrankheiten ist das Anbieten und der Verkauf
der Elektroden Nr. 17, 19, 20, 21, 22, 26 an Privatpersonen bei Strafe
verboten. Das Anbieten und der Verkauf dieser Elektroden darf nur an
Ärzte oder von Ärzten geleitete Heilanstalten erfolgen.*

Damit war nicht nur klar, welche Geräte man am Besten benutzen
sollte, sondern auch, woher man sie bekam.

# AUGENTRAINER KORRIGIERT SEHFEHLER

Basierend auf der Theorie, dass der menschliche Augapfel durch den gegenläufigen Zug starker und schwacher Muskeln außer Form gebracht wird, was die Fokussierung des Lichts beeinflusst und Kursichtigkeit, Weitsichtigkeit und Hornhautverkrümmung verursacht, hat der New Yorker Augenoptiker Dr. Nelson Y. Hull eine neuartige Maschine erfunden, um die Augenmuskeln zu trainieren.

Das Gerät besteht aus einem Ball am Ende eines gebogenen Eisenstabs, der mithilfe einer kleinen Kurbel in Drehung versetzt wird. Die Augen werden dadurch trainiert, indem man den Bewegungen des Balls folgt.

Für die Nahsicht wird der Ball zunächst horizontal vor den Augen bewegt, um die Muskeln anzusprechen, die jedes Auge zur Nase hin- bzw. davon wegbewegen. Anschließend wird der Ball in der Senkrechten bewegt. Das trainiert die Muskeln, die das Auge auf und ab bewegen.

Für die Fernsicht werden die Quermuskeln ins Spiel gebracht, indem man den Ball sowohl nach rechts als auch nach links kreisen lässt.

Hornhautverkrümmung wird durch die eine oder andere der zuvor geschilderten Methoden korrigiert oder durch eine Kombination aus beiden.

Gesunde Augen, behauptet Doktor Hull, können durch regelmäßiges Training, das alle Muskeln anspricht, in Form gehalten werden.

(*Popular Science*, August 1923)

## Gib mir Energie:
## Gesundes für Körper und Brieftasche

Zu den nachhaltigsten Spätfolgen der Experimente von Luigi Galvani und seiner Nachfolger gehörte der fest in den Köpfen verankerte Glaube an eine direkte Verbindung zwischen Elektrizität und Lebenskraft. Da ist es kaum verwunderlich, dass Strom sofort auch in der medizinischen Therapie eingesetzt wurde – mal mit völlig überzogenen und unfundierten Erwartungen, mal pragmatisch und wirksam. Denn natürlich gibt es Anwendungen der Elektrotherapie, die tatsächlich wirksam sind – bis hin zur Möglichkeit, ein aus dem Takt geratenes Herz mit gezielten Schocks wieder zum Schlagen zu bringen (1899 von Jean-Louis Prévost und Frederic Battelli entdeckt).

Strom als Potenzmittel: Anzeige aus »Jugend«
(ca. 1910)

Die meisten frühen Elektrotherapien des 19. Jahrhunderts waren jedoch von weit weniger sichtbarer Wirksamkeit. Als Erstes verbreiteten sich sogenannte galvanische Anwendungen: Sie basierten vor allem auf Wärmeeffekten, die man mittels Gleichstrom produzierender Batterien und Elektroden verursachte und hauptsächlich bei muskulären Schmerzzuständen und Gelenkproblemen einsetzte – und tatsächlich mit Erfolg. Auch die daraus entwickelten galvanischen Bäder finden bis heute Anwendung, wenn auch eher im Kur- und Wellness-Bereich. Tatsache ist, dass sich mit solchen Anwendungen die Durchblutung der Haut und der darunterliegenden Gewebeschichten messbar erhöhen lässt – für viele Schmerzpatienten eine Wohltat. Ab Mitte des 19. Jahrhunderts begann man, galvanischen Bädern Zusätze beizumischen – in der Annahme, dass der Strom die Wirkstoffe in die Haut und damit in den Körper übertragen würde. Und auch die elektrische Stimulation von Nerven kann sinnvoll sein und therapeutisch wirken.

Auch der kleinste Effekt war zudem besser als gar kein Effekt: Kaum eine wissenschaftliche Disziplin machte vom 18. zum 19. Jahrhundert größere Fortschritte als die Medizin. Gehörte das Anlegen von Schröpfgläsern noch Mitte des 18. Jahrhunderts zu den angeblich wirkungsvollsten Universalkuren, begann sich schon im frühen 19. Jahrhundert eine Gerätemedizin zu entwickeln – und Strom war eine der Innovationen, die nicht nur ernsthafte Forscher auf den Plan rief, sondern auch jede Menge Scharlatane.

Kein Wunder, denn im Grunde waren die Maschinen höchst einfach aufgebaut und zu kopieren oder zu simulieren. In der Regel bestanden sie aus einem Batterieblock und Elektroden, justierbar oder auch nicht. Sie waren mobil und gehörten bald zur Grundausstattung jedes Landarztes. Es dauerte nicht lange, da fluteten auch galvanische Geräte für den Heimgebrauch den Markt. Mitte des 19. Jahrhunderts saß so mancher gesundheitsbewusste Zeitgenosse des Abends am Küchentisch, Füße und Hände in kleinen Wasserwannen, die wiederum mit einer galvanischen Batterie verbunden waren. Die Werbung damals verkaufte das als Aufladung, als Kraftquelle, als Frischekur für die männliche Potenz.

Wirkten sie? Das muss wohl so sein, denn solche Kuren und Apparate hielten sich von circa 1850 bis weit in die 1930er – und in Wahrheit sogar bis heute, wie ein nachmittäglicher Besuch bei einem Shopping-TV-Kanal schnell verdeutlicht. Dort werden bis heute Apparate verkauft, die durch reinen Stromfluss stärker, schöner oder gesünder machen sollen. Das Gros dieser Geräte baut heute wie damals auf den Placebo-Effekt, auch wenn das vor 150 Jahren noch nicht einmal den Ärzten klar gewesen sein mag.

Eindeutig wirkungslos waren beispielsweise all die rein magnetischen Gürtel und Armbänder, Schuheinlagen, Stirnreifen, Betteinlagen und was den Quacksalbern sonst noch einfiel, die den Menschen mit angeblich heilsamen magnetischen Strahlen versorgen sollten. Gerade Männer trugen sie gerne unter der Kleidung, hielten sie für eine Art Batterie: Magnetismus war kaum weniger geheimnisvoll als Elektrizität. Warum sollten unsichtbare Felder, die Anziehung auf feste Körper ausübten, nicht auch auf den menschlichen Körper eine heilsame Wirkung haben?

Für die Dame von Welt gab es derweil Korsetts und Corsagen mit Stromversorgung, dazu elektrisch geladene Haarbürsten, um den Haarwuchs anzuregen. Das wahrscheinlich einzige wirksame elektrisch geladene Kleidungsstück geisterte Anfang der 1920er Jahre durch die US-Presse: ein Abendkleid mit Beleuchtung, das seine Wirkung kaum verfehlt haben dürfte.

Ein Höhepunkt der Abzocktricks mit Strom- oder Magnetgeräten für den Körper war der magnetische Gürtel mit Stromversorgung – wozu auch immer. Ein spätes, bis heute aber das berühmteste Modell dieser Quacksalber-Gerätschaften war der I-ON-A-CO, entwickelt und vertrieben von Gaylord Wilshire, einem der prominentesten amerikanischen Millionäre der Roaring Twenties.

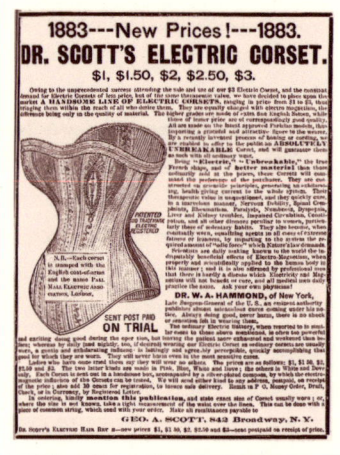

Sein Gürtel bestand aus nicht mehr als zwei mit Leder ummantelten Spulen von Schwimmreifen-Größe, die per Netz mit Strom versorgt wurden und so angeblich irgendwelche Felder aufbauten. Wilshire, ein bekennender Sozialist, der es als Immobilien-Größe und Verleger zu Ruhm gebracht hatte, ließ die Gürtel ab 1926 für nicht ganz drei Dollar herstellen und verkaufte sie für satte 57 Dollar weiter – was derart teuer war, musste ja wohl wirksam sein. Heilen wollte er damit so ziemlich alles von Gicht bis Krebs. (Ja, so eine platte Abzocke kann auch im 20. Jahrhundert noch ganz prächtig funktionieren.) Nach Wilshires Tod im Jahr 1928 kopierte einer seiner Angestellten das Konzept, ließ es sich patentieren und verkaufte die Gürtel fortan unter der futuristischen Bezeichnung Theronoid, ebenfalls mit einigem Erfolg.

Die Verkäufer warben mit kostenlosen Probesitzungen um das Vertrauen der Kunden: Völlig kostenlos konnte man in die eigens eingerichteten Verkaufsläden und die Geschäfte der Lizenznehmer gehen und dort einen Stromgürtel zur Probe tragen.

Man kann davon ausgehen, dass der Placebo-Effekt bei menschlichen Kunden für einige Erfolgs- und Heilungserlebnisse sorgte – doch wie konnte der Verkauf solcher, in diesem Fall besonders großer Geräte sogar an Pferdehalter gelingen? Von Magnetismus und Elektrizität haben die meisten Pferde bekanntlich keine Ahnung.

Große elektrische Gürtel wie der I-ON-ACO gehören zu den bizarrsten Beispielen für Strom-Quacksalberei

# ELEKTRISCHE »BOMBARDEMENT«-
# BEHANDLUNG HEILT BLAUE AUGEN

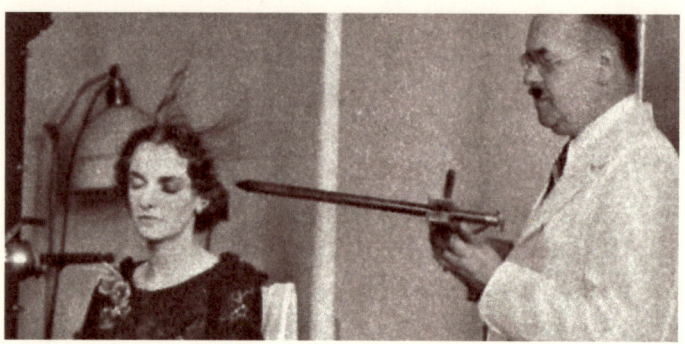

Ein entstellendes und durchaus auch peinliches blaues Auge kann nun unter Einsatz einer neuen statischen Maschine, die das Auge mit Elektrizität »bombardiert«, in weniger als einer Stunde zum Verschwinden gebracht werden. Die elektrische Behandlung ist schmerzlos.

Wie der New Yorker Physiologe Dr. Norman Titus erklärt, besteht das Gerät aus einer simplen positiven und negativen Elektrode. Die Patientin hält die negative Elektrode, während der behandelnde Arzt mit der positiven Elektrode auf die Verfärbung »zielt«. Das elektrische »Bombardement« der statischen Maschine bricht das geronnene Blut auf. So können die Kapillargefäße wieder einen freien Blutfluss aufnehmen und die Verfärbung forttragen.

(*Modern Mechanics,* Dezember 1936)

# Galvanik extrem: Leichen in Silber

Galvanische Bäder mit Zusatzstoffen, die per Strom auf den Körper übertragen werden sollen – die Parallele zum Galvanisieren von Werkstoffen ist weder Zufall noch zu übersehen: Galvanische Bäder nutzt man in industriellen Verfahren, um Stoffe mit Metallen zu ummanteln. Bereits 1836 vergoldete so die Essgeschirrmanufaktur Eklington in England ihr Edelbesteck. Moritz Hermann von Jacobi erfand im Folgejahr das Verfahren, nicht leitende, also auch nicht metallische Materialien mithilfe einer elektrisch leitfähigen Graphitschicht galvanisch zu verkupfern. Von dort war es nicht weit bis zu einer der bizarrsten Ideen dieses Themenfelds: der Präservierung von Leichen per Galvanisierung.

Wahrscheinlich kamen als Erste die Franzosen Eugène Théodore Noualhier und Jean Baptiste Prevost auf diese abstruse Idee. Bereits am 1. Januar 1857 wurde ihnen das ein halbes Jahr zuvor beantragte Patent für die Verbesserung der Verfahren zur Applikation von Metallen auf nichtleitenden Materialien zugesprochen. Schon der Patentantrag schilderte ausführlich die beabsichtigte Nutzanwendung: Mittels metallischer Salze machten die beiden tierische und menschliche Haut leitfähiger, damit sie im galvanischen Bad dann metallische Ionen besser aufnehmen kann. Letztere sollten sich dann als millimeterdünner Film vollständig und lückenlos um den Körper legen. Aus der körperlichen Hülle sollte so eine regelrechte Statue werden.

Durchgesetzt hat sich das Verfahren offensichtlich nicht, aber totzukriegen war die Idee auch nicht – sie schien einfach zu plausibel. Einem Pariser Doktoren namens Verlot kann man unterstellen, dass er vom Versuch seiner Vorgänger gehört haben mag, als er 1891 ein Leichen-Konservierungsgeschäft begründete, für das er sich Kunden vor allem unter trauernden Eltern erhoffte – die Kindersterblichkeit war damals noch enorm hoch.

Ein namenloser Geistesverwandter in Philadelphia mag hingegen wirklich geglaubt haben, er hätte etwas Neues, Eigenständiges erfunden – der *Ann Arbor Courier*, der am 15. Juni 1887 über ihn, respektive seine Idee berichtete, ging zumindest davon aus. Dem Bericht zufolge wollte der namenlose Amerikaner metallene Toten-Statuen anfertigen, deren Güte »die faltigen Antlitze der ältesten Mumien zum Erröten« bringen würde. Seine Vorfahren würde man nicht mehr länger dem Verfall überlassen müssen, sondern wäre in der Lage, sie über Jahrhunderte zu präservieren.

Was man mit ihnen dann anfangen sollte – in den Garten stellen? –, erwähnt der Bericht nicht, wohl aber, wozu die Leichen von anonymen Ertrunkenen und Selbstmördern künftig gut sein könnten: Von ambitionierten Studenten der Künste in klassische Posen gebracht, könnten sie Museen füllen – oder Schaufenster, als Kleiderpuppen von ungeahnter Perfektion. Sicher würden die Bestattungsunternehmer in Zukunft fragen, wie man seinen Toten gerne haben möchte: »In Kupfer, Nickel, Silber oder Gold?«

Goldige Aussichten, die man auch in Neuseeland verlockend fand. Dort hatte 1887 ein Galvaniseur namens Downing eigene Versuche angestellt, die zum gleichen Ergebnis führten. Sein erstes verblüffendes Meisterwerk war ein in Silber galvanisiertes Ei, das einem zeitgenössischem Zeitungsbericht zufolge nicht nur von höchster Perfektion und Anmut war, sondern auch ein ganzes Jahr lang frisch blieb – es soll zumindest nicht gestunken haben, als man es aufschlug. Das wiederum habe Downing dazu inspiriert, an dieser Stelle weiterzumachen – man darf dreimal raten, womit. Ob er Kunden für diese neue Dienstleistung fand, ist nicht überliefert, klassischen Bestattungsmethoden machte er jedenfalls keine nachhaltige Konkurrenz.

Immer wieder wurde die Galvanisierungsidee aufgewärmt. 1911 mischte sich der Schriftsteller Ambrose Bierce, ein Meister satirisch-zynischer Untertöne, in eine gerade wieder aufgeflammte Debatte über Leichen-Galvanisierungen ein. Vermeintlichen Vernunftgründen dafür hielt er entgegen, dass eine solche Art, einen Toten loszuwerden, den Schönheitsfehler habe, dass gerade das nicht passiere, wenn man die Leiche in Silber fasst – im Gegensatz zum Erdbestatteten bleibt der zur Statue geadelte Verstorbene der Nachwelt sehr lange erhalten.

Der Spötter Bierce schrieb:

*Der Plan ist nicht ohne Vorteile, einige davon so offensichtlich, das man sie benennen sollte. So kann doch beispielsweise nichts befriedigender für einen gerade mit dem Sterben beschäftigten Ehemann sein, als der Gedanke, dass er als vernickelte Statue seiner Selbst weiterhin das eheliche Herdfeuer schmücken und zu einem Objekt ganz besonderer Aufmerksamkeit sowie der Sympathie seines Nachfolgers werden mag. (...) Die geringen Kosten, die anfallen werden, wenn wir unsere öffentlichen Gebäude mit unseren herausragenden Männern schmücken werden, dürften im Vergleich zu den gegenwärtig enormen Ausgaben, die für die Besorgung von Statuen derselben anfallen, dazu führen, dass sich die Vorherrschaft des Elektro-Platierens jedem sparsamen Steuerzahler anempfiehlt und ihn dazu bringen wird, den Anbruch dieser neuen Zeit mit besonderer Freude zu bejubeln.*

Aber sicher, möchte man da sagen, doch wer hört da schon hin? Levon G. Kassabian jedenfalls nicht. Am 2. Februar 1934 war er der Letzte, der ein Patent beantragte und am 10. Dezember 1935 zugesprochen bekam, das einmal mehr ein verbessertes Galvanisierungsverfahren für Leichen versprach. Im Geist neuer Zeiten begründete Kassabian sein Patent unter anderem mit hygienischen Gründen, was ein nichtrostendes, extrem lang haltbares Metall voraussetzt. Nicht unwahrscheinlich also, dass Noualhier und Prevost, Verlot,

Downing und Co. heute die Helden der Bestatterzunft wären, hätte sich ihre morbide Idee durchgesetzt. Männern, die anregten, Leichen in Gold zu gießen, statt sie in 5.000 Euro teuren Särgen verrotten zu lassen, hätte man mit Sicherheit Denkmäler gebaut – oder galvanisiert?

Die makabre Methode, Leichen per Galvanisierung zu Statuen zu machen, wurde unabhängig voneinander mehrfach erfunden

# ELEKTRISCHES BAD BEKÄMPFT KRANKHEITEN

Einige Londoner Krankenhäuser sind nun mit der neuesten wissenschaftlichen Methode zur Bekämpfung von Krankheiten ausgerüstet, dem elektrotherapeutischen Bad.

Wie das Foto zeigt, sitzt der kranke Patient bequem, während Hände und Füße in kleinen Wannen ruhen. Das künstliche Fieber wird im Körper durch den Durchfluss eines elektrischen Stroms erzeugt, der die krankheitsverursachenden Bakterien bekämpft und die Heilung beschleunigt.

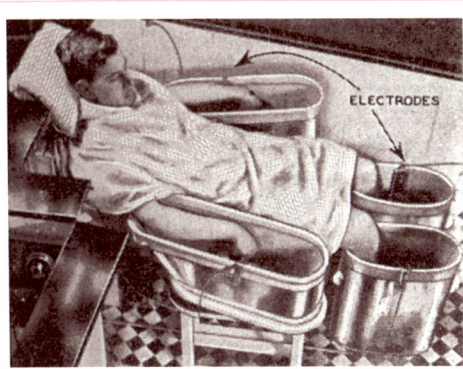

Ein künstliches Fieber wird erzeugt mithilfe eines elektrischen Stroms, der durch die Lösung fließt, in die der Patient seine Hände und Füße hält.

Der elektrische Strom wird über Elektroden in die Flüssigkeit in den Wannen geleitet. Die Stromstärke kann über Regelwiderstände auf dem Bedienerpult eingestellt werden, das man links unten im Bild sieht.

(*Modern Mechanics*, Juni 1932)

## Die Grippe: Gesunde Geschäfte

Von 1918 bis 1919 ging ein Gespenst um in der Welt: Mit der Spanischen Grippe wütete die erste dokumentierte Pandemie – eine Epidemie also, die alle Teile der Welt erfasste. Ihren Ursprung nahm sie wahrscheinlich in den USA, von wo sie zunächst ihren Weg nach Europa fand.

Sie hätte kaum zu einem ungünstigeren Zeitpunkt kommen können. Europa, durch die zurückliegenden Weltkriegsjahre erheblich geschwächt, lag im Chaos. Truppenbewegungen und Flüchtlingsströme sorgten dafür, dass in der Population reichlich »unnatürliche« Bewegung herrschte. Dazu kam eine in weiten Teilen des Kontinents katastrophale Versorgungslage – und im Sinne des Wortes ein Heer von ausgemergelten Verwundeten, die besonders anfällig waren für den Angriff der Viren.

Die Grippe schlug im letzten Kriegsjahr zu und soll in dieser Zeit mehr Soldaten umgebracht haben als die eigentlichen Kriegshandlungen. Wie groß das Problem tatsächlich war, verschwiegen die kriegsführenden Parteien aus taktischen Gründen. »Bei uns ist alles in Ordnung«, lautete die gemeinhin verbreitete Parole. In Wahrheit herrschte längst Panik. Zeitweilig erkrankten in Großbritannien so viele Soldaten, dass die Kriegsmarine über Wochen handlungsunfähig war. Ein strategischer Vorteil, den niemand nutzen konnte, denn überall sah es ähnlich aus: Auch die deutsche Marine war zur gleichen Zeit so gut wie stillgelegt.

Im neutralen Spanien, wo keine militärische Zensur herrschte, berichteten die Zeitungen hingegen offen darüber, dass zeitweilig ein Drittel der Bevölkerung erkrankt war. Nur weil dort die erschreckende Sterbequote der Krankheit erstmals nicht verschleiert wurde, bekam diese den Namen Spanische Grippe, der sich aber erst später durchsetzte. Zunächst waren etliche Bezeichnungen im Umlauf – und zahlreiche Verschwörungstheorien über ihren Ursprung. Biologische Kriegsführung war eine der häufigsten Theorien, eine Krankheit zu erklären, wie man sie noch nicht gesehen hatte: Nicht Alte, Kinder und Schwache raffte sie wie sonst üblich dahin, sondern vor allem Menschen zwischen 20 und 40 Jahren.

Ein Albtraum, der sich sogar nach Asien und Ozeanien verbreitete und dort teils schlimmer wütete als in der westlichen Welt. Allein in Indien sollen Schätzungen zufolge bis zu 17 Millionen Menschen an der Grippe gestorben sein. Besonders hart traf es indigene Völker. Samoa verlor ein Fünftel seiner Bevölkerung, bei einem Inuit-Volk starben bis zu 70 Prozent der Erwachsenen.

Raumgreifende Epidemien hatte die Menschheit schon einige erlebt, aber nicht in dieser Größenordnung: Die Spanische Grippe entwickelte sich, von Soldaten extrem schnell und grenzübergreifend verbreitet, zur globalen Krankheit, die zeitweilig 500 Millionen Menschen erfasst haben soll.

Die zweite Krankheitswelle im Herbst 1918 dokumentierte das auf ihre Art, indem sie zeitgleich in den USA, in Westafrika und Frankreich auftrat. Dass der Weltkrieg Ende 1918 endete, kam zu spät. Möglicherweise beschleunigte das die Verbreitung sogar zusätzlich: Mit Ende des Krieges zogen Hunderttausende kreuz und quer über den europäischen Kontinent – Flüchtlinge, Heimkehrer, Gefangene. Armeekontingente aus Übersee fuhren nach Hause – und trugen die neue Welle bis nach Australien und Neuseeland, das so stark betroffen war, dass das öffentliche Leben zeitweilig zum Erliegen kam.

Die Seuche hatte sich jedoch auch aus anderen Gründen in einer noch nie gesehenen Geschwindigkeit verbreitet. Die Mobilisierung der Welt in den ersten zwei Jahrzehnten des 20. Jahrhunderts schuf Probleme, mit denen man nicht gerechnet hatte. Transkontinentale Flugverbindungen lagen zwar noch einige Jahre in der Zukunft, aber schon die modernen Schiffsturbinen hatten die Fernreisen merklich verkürzt. Zu Land waren die Kontinente nach über 120 Jahren Eisenbahn mit einem flächendeckenden Netz überzogen.

Man kam schnell von A nach B, durchquerte ganze Kontinente in wenigen Tagen – und zu viele Reisende entpuppten sich als Träger des fatalen Virus. Nachdem die Pandemie etwas über zwei Jahre gewütet hatte, waren Millionen Menschen weltweit gestorben. Die Schätzungen über die Opferzahlen gehen weit auseinander: Heute geht man von bis zu 50 Millionen Opfern aus, konservative Schätzungen setzen bei der Hälfte an – selbst das entspräche noch der Zahl der Opfer der berüchtigten Schwarzen Pest, die im 14. Jahrhundert ein Drittel der europäischen Bevölkerung dahingerafft hatte.

Zum Vergleich: Der vier lange Jahre tobende, mit ungekannter Grausamkeit geführte Weltkrieg hatte rund 17 Millionen Menschen das Leben gekostet. Und selbst in diesen grausamen Statistiken verbergen sich noch Grippe-Opfer, die von der Krankheit im Schützengraben erwischt wurden. Statistisch erfasst haben das allein die Amerikaner und Neuseeländer. Sie verloren mehr Soldaten durch die Grippe als durch Kampfhandlungen.

Die tödlichste Phase der in drei zeitlich voneinander getrennten Wellen auftretenden Krankheit erwischte die Welt ausgerechnet im Herbst 1918. Rund 70 Prozent der Bevölkerung, schätzten preußische Behörden, erkrankten an ihr. Die Todesrate lag bei drei von 100 und damit bis zu 30 mal höher als bei Grippe sonst üblich.

Man kann sich vorstellen, wie groß die Angst vor der Krankheit war. Die reguläre Krankenversorgung kollabierte schnell, zumal die Mediziner dem Virus sehr wenig entgegenzusetzen hatten.

Polizisten während der großen Grippe: In Teilen der USA wurde das Tragen von Atemschutzmasken bindend vorgeschrieben

Die Mittel der Wahl waren Schutzmaßnahmen wie Masken und im Falle der Erkrankung strikte Quarantäne, die man immer öfter in Turnhallen, Not-Hospitälern oder sogar behelfsmäßigen Zeltlagern zu erreichen versuchte. An vielen Orten wurden die Opfer in Massengräbern beigesetzt.

Den Pharmazieunternehmen und Geräteherstellern brachte all das einen waren Boom in einem bis dahin weniger wichtigen Bereich: Mittel und Apparate zum Schutz oder zur Stärkung der Lungen.

In den Zeitungen wimmelte es nun von Anzeigen für Hustenmittel, angeblich präventiv wirkenden Tinkturen oder Gazemasken für die Bewegung im öffentlichen Raum. Das Tragen von Schutzmasken war in einigen Regionen sogar Pflicht, aber konnte man Papier- oder Stoffmasken wirklich trauen? In der technisch-wissenschaftlichen Fachpresse wurden im Monatstakt neue Gasmaskenmodelle vorgestellt, der Krieg hatte hierfür wichtige Impulse gegeben. Vor allem boomte der Verkauf von Inhalationsapparaten verschiedenster Bauform – als könnte man Viren dadurch stoppen, dass man die Atemluft mit ätherischen Ölen oder Parfüm versetzt.

Auch mit dem Abebben der Pandemie sollte dieses Geschäft so schnell nicht wieder verschwinden, und in gewissem Sinne läuft es bis heute. Zu tief saß der Schock darüber, wie verletzlich die Welt gegenüber Pandemien ist. In den Ausgaben der populärwissenschaftlichen Magazine der folgenden Jahre gehören Hygiene, Grippe-Präventions- und Körper-Stählungs-Themen zum festen Programm. *Popular Science* zeigte in einer Ausgabe im Jahre 1920, wie weit der vom Publikum offenbar goutierte thematische Rahmen reichte – von augenzwinkernd-humorig bis nüchtern-sachlich.

»Wissenschaftler«, liest man da, »warnen uns, dass Küsse unhygienisch sind und alle Arten schädlicher Krankheitserreger übertragen. Die meisten von uns sind gewillt, dieses Risiko auf sich zu nehmen, aber es gibt immer ein paar besonders Vorsichtige, die nach dem puren, perfekten Kuss streben. Einer von ihnen hat diese Kuss-Abschirmung erfunden, die man leicht als Pingpong-Schläger nutzen könnte, wenn sie gerade nicht gebraucht wird. Ihr Netz ist mit einem Antiseptikum getränkt, dass alle Keime töten soll.«

Sicher ist sicher: Wer durch einen Filter küsst, schützt sich vor Ansteckung – eine Art Kondom für die Lippen

Hatte der Redakteur, der das schrieb, nun seinen Spaß mit diesem Unsinn, oder lästerte er, weil ihm die Hygiene-Hysterie langsam auf den Wecker ging? Wahrscheinlich beides.

An anderer Stelle in der gleichen Ausgabe zeigte *Popular Science*, dass es hier durchaus um ein gefragtes Sachthema ging. Das Magazin stellte dort neue, schicke »Vaporisierer« vor, die teils auch unterwegs einsetzbar sein sollten oder mit angeschlossenen

Pumpen Wirkstoffe und Atemluft verwirbelten – bei den Top-Geräten in individuell abgemessener Dosierung und je nach Wunsch auch gemixt mit verschiedenen Wirkstoffen.

Denn nur durch tiefes Einatmen, informierte das Blatt seine Leser, könne man die heilsamen Stoffe an all die Orte in Mundraum, Kehle und Lunge befördern, die man durch die reguläre Einnahme von Medikamenten nicht erreichte. Geradezu bizarr mutet aus heutiger Sicht dann das Prunkstück der neuen Gerätegeneration an, die die Isolation der Inhalierer beendete und die Krankheits-Prävention zum sozialen Ereignis machte: Der »Familien-Vaporisierer« erinnert an eine türkische Wasserpfeife und bot bis zu sechs Inhalierern Gelegenheit, durch ihre eigenen Mundstücke gemeinsam tief einzuatmen.

Inhalatoren: Lungenschutz war Selbstverteidigung. Das gemeinsame Inhalieren kann man dabei durchaus als Konzeptfehler sehen

Solche, der Medizintechnik entlehnten Geräte wurden durch die Spanische Grippe zur massenhaft verbreiteten Haushaltsausstattung: Wohl nicht zuletzt der Schock der Pandemie führte dazu, dass man gesundheitsfördernde, der Prävention und Behandlung dienende Utensilien im Haus vorrätig hielt – vom Inhalator über das Massagegerät bis hin zu Tinkturen und homöopathischen Mitteln. Was den Körper kräftigen, optimieren und schützen sollte, war besser verkäuflich als je zuvor.

Und nicht nur das: Im Kielwasser der Grippe-Angst schipperten natürlich auch Geschäftemacher anderer Art, die sich zu bereichern suchten. Einen regelrechten Boom erlebten die Zellstoff-Hersteller, die Papiermasken in bis dahin nicht gekannter Quantität auf den Markt warfen. Schließlich konnte sich nicht jeder eine echte Gasmaske leisten – und in Wahrheit wollten das sowieso nur wenige. Das Atmen durch eine solche Maske ist eine Qual, die körperliche Leistungsfähigkeit stark eingeschränkt.

Stärkungsmittel: Die Angst vor der Grippe bereitete den Markt für alle möglichen Wässerchen und Tinkturen

In Teilen der USA wurde das Tragen von Papiermasken in der Öffentlichkeit auf dem Höhepunkt der Grippewelle hingegen sogar zwingend vorgeschrieben. Einen einfallsreichen Ingenieur aus San Francisco, berichtete im Jahr 1919 *Popular Mechanics*, inspirierte das zu einem Produkt, das den Atemmasken-geplagten Rauchern das Leben erleichtern sollte: Seine Rauchermasken verfügten über

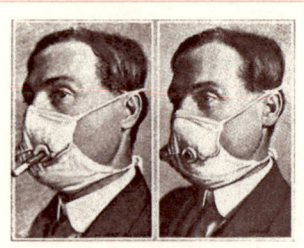

Na, geht doch: Zwischen den Zichten konnte man diese Raucher-Atemschutzmaske mit einem Korken abdichten

ein Loch, in das man den Filter der Zigarette stecken konnte. Wenn man gerade nicht rauchte, konnte man seiner Pflicht auf einfache Weise wieder gerecht werden: Man verschloss die Nikotinschleuse mühelos mit einem Korken. Ob das wirklich ein erfolgreicher Businessplan war, ist nicht überliefert – aber die Pandemie war zu diesem Zeitpunkt auch schon fast vorbei.

# Guck mal, was da zuckt:
# Die seltsamen Anfänge der Neurologie

Elektrizität schien am Anfang des 19. Jahrhunderts vor allem für drei Dinge gut: Erstens für das Bespaßen von abendlichen Gesellschaften mit neckischen Spielchen; zweitens für den vergeblich verfolgten Versuch, Tote zu erwecken und drittens natürlich für Wissenschaftler und Quacksalber, die ein Studienobjekt suchten. Ganze Generationen arbeiteten sich an dem Versuch ab, die Zusammenhänge zwischen Elektrizität und Magnetismus zu entschlüsseln, Nutzen in von Strom induzierten chemischen Prozessen zu finden oder therapeutische Wirkungen zu erzielen, die meist einzig und allein auf der Grundannahme beruhten, dass die »Lebenskraft« Elektrizität schon irgendwie gut sei für den Patienten.

Das war sie mitnichten. Im günstigsten Fall erzielten die betreffenden Doktoren dank des Placebo-Effekts kleine Erfolge. Im häufigeren, ungünstigsten Fall verursachten sie neurologische Schäden – oder brachten ihre Patienten um: Da sich Muskelkontraktionen besser erzielen ließen, wenn man den Muskel direkt reizte, setzten viele der mit galvanischem Equipment hantierenden »Therapeuten« Nadeln als Elektroden ein. Unzureichende Hygiene sorgte bald dafür, dass Tetanus-Infektionen zu den oft tödlichen Nebenwirkungen eigentlich harmloser Elektrotherapien gehörten. Mit einer Therapie im Wortsinn hatte all das letztlich nichts zu tun: Es war ein Experimentieren mit einer weitgehend unbekannten Kraft am lebenden Patienten – unsystematisch und ohne jegliche theoretische und methodische Grundlage.

Zu ebenjener gehört ganz zwangsläufig die Erforschung des »Wenn dies, dann das«, der Zusammenhänge von Ursache und Wirkung also. Genau darum ist Guillaume Benjamin Amand Duchenne de Boulogne bis zum heutigen Tag mitunter auch Nicht-Medizinern bekannt: 1862 veröffentlichte der Franzose einen »Atlas« von aus heutiger Sicht grotesk und lustig erscheinenden Fotografien, die den Zusammenhang von Reiz und Wirkung bei der elektrischen Stimulation von Gesichtsmuskeln bis ins Detail dokumentieren. Das sieht aus wie Folter, war tatsächlich aber akribische Wissenschaft.

Sie war Duchenne de Boulogne nicht in die Wiege gelegt worden. Der Mann war trotz seines Namens keineswegs von Adel: 1806 als Sohn eines Seemanns geboren, zeigte Duchenne früh akademische Talente, gleichzeitig jedoch einen ziemlich schwierigen, eigenbrötlerischen Charakter. Das eine brachte ihn alsbald zum akademischen Titel, das andere verhinderte seine akademische Karriere. Duchenne galt als verstockter, detailversessener Perfektionist – heute würde man ihn wohl als Nerd bezeichnen. Er war demnach niemand, mit dem man gerne arbeitete.

Duchenne de Boulogne:
Pionier der Neurologie

Duchenne machte sich auch deshalb beizeiten selbstständig und eröffnete 1832 eine Praxis in Boulogne, die er zehn Jahre lang betrieb. Als seine Frau nach Geburt des ersten und einzigen Sohnes noch im Kindbett an einer Infektion starb, beschuldigten ihn seine Schwiegereltern, die Verantwortung dafür zu tragen, habe er doch als Arzt versagt. Sie erwirkten, dass ihm das Sorgerecht für seinen Sohn entzogen wurde. Der wohl vor allem von seiner verbitterten Schwiegermutter gestreute Ruf des gefährlichen Quacksalbers, der ihre Tochter quasi getötet habe, hing ihm von da ab hartnäckig an, die Praxis ging 1842 pleite – und Duchenne nach Paris. Dort bekam er seinen scheinbar adligen Namen: Zu »de Boulogne« wurde er im Krankenhaus, an dem er eine Anstellung fand, weil dort bereits ein anderer Duchenne arbeitete. Von nun an hieß er Duchenne aus Boulogne.

Wie in seinen ersten Berufsjahren eckte Duchenne wieder kräftig an. Er entwickelte an Fanatismus grenzende Marotten, die die Kollegenschaft zur Weißglut brachten, sie aber oft genug auch nicht gut dastehen ließen: Duchenne dokumentierte mit bis dahin kaum gekannter Akribie Vor- und Erkrankungsgeschichte seiner Patienten. Sein Hang zur prall gefüllten Krankenakte zahlte sich für seine Patienten aus, die er in einzelnen Fällen über mehrere Krankenhäuser und ihr häusliches Umfeld hinweg begleitete. Kurzum: Duchenne galt als nerviger Streber.

Schon seit 1835 erforschte er unter anderem die Möglichkeiten der Elektrotherapie, und er tat auch dies wieder mit der ihm eigenen Akribie, konsequent auf der Suche nach Ursache, Wirkung und Erklärung.

Der Eigenbrötler wurde so zu einem der Begründer der Neurologie. Im Laufe der Jahre sollte er nicht nur mehrere neurologische Krankheitsbilder entdecken und ihre Ursache erklären, sondern die Therapieansätze auch auf ein theoretisches Fundament stellen. 1855 erschien sein Hauptwerk *De l'electrisation localisée et de son application à la physiologie, à la pathologie et à la thérapeutique*, das ihn zur international beachteten Koryphäe machen sollte.

1862 folgte der bis heute berühmte Fotoatlas zu seinem Buch, dem die Bilder auf diesen Seiten entnommen sind. Duchenne führte die elektrische Reizung mit einer selbst konstruierten Apparatur mit externen Elektroden aus. Was heute so bizarr, so sehr nach Folter aussieht, war für die wissenschaftliche Forschung eine Notwendigkeit: Duchenne konnte dadurch Ursache und

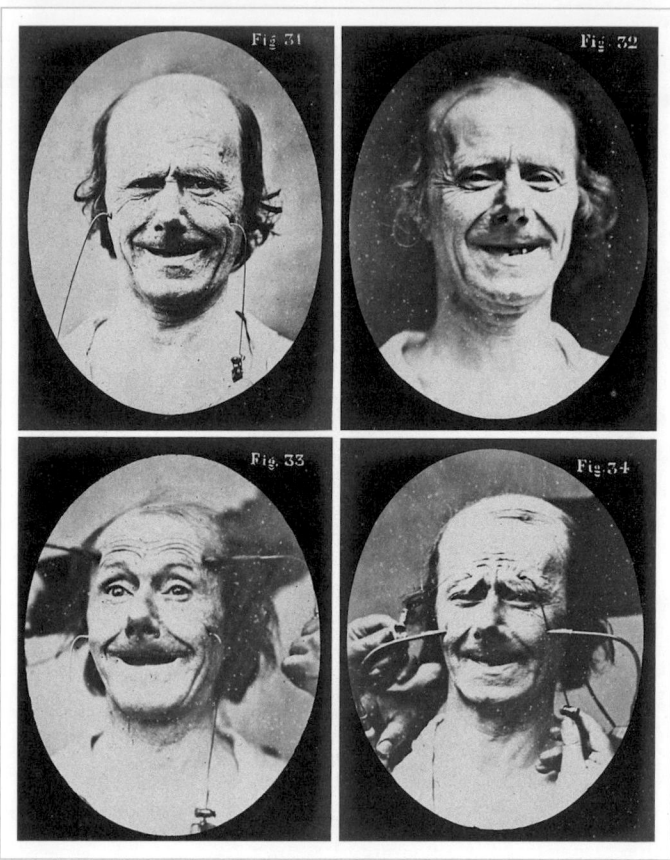

Wirkung dokumentieren und die Möglichkeit erschließen, elektrische Ströme nicht nur in der Diagnostik von Nervenschäden, sondern auch in deren Therapie erstmalig systematisch einsetzen zu können.

Guillaume Duchenne starb 1874 als international beachteter Experte, in Frankreich fand seine Arbeit dagegen erst nach seinem Tod ihre Würdigung. Mehrere Therapieverfahren und von

ihm erkannte Krankheiten sind nach ihm benannt. Die schönste Anerkennung aber, die ihm zuteil wurde, ist die des »echten Lächelns«: Duchenne hatte unter anderem dokumentiert, was ein vorgetäuschtes Lächeln (nur die Mundwinkel verziehen sich) von einem echten (die Augen »lachen mit«) unterscheidet. Das echte, ehrliche Lächeln nennen Neurologen und Physiologen bis heute das Duchenne-Lächeln.

## Tipp für Heimwerker:
## Schön ist der Föhn erst selbst gemacht

Eigentlich gehörte der Fön, auch bekannt als Föhn, Haartrockner oder Heißluftdusche, zu den ganz frühen Elektrogeräten für den Hausgebrauch. Bereits 1908 sicherte sich die deutsche Firma AEG die im deutschen Sprachraum geläufige Bezeichnung »Fön«, was an den warmen Föhnwind erinnern sollte. Geschaffen wurde dadurch eine Wortmarke, die hierzulande bald stellvertretend für das Produkt stand – so wie später »Tempo« für das Taschentuch oder »Tesa« für den Klebefilm.

Erfunden hat den Fön jedoch nicht die AEG, sondern der Franzose Alexandre Godefoy, je nach Quelle auch Goldefroy oder Godefroy geschrieben. Es gilt als verbrieft, dass dieser Alexandre Betreiber eines Damensalons war und sich durch den schönen warmen Luftstrom aus elektrischen Staubsaugern zu seiner Erfindung inspirieren ließ. Warum diese Abluft nicht nutzen, muss sich der einfallsreiche Mann gedacht haben – und erfand damit im Jahre 1890 den ersten Haartrockner.

32 Jahre später erinnerten sich die Tüftler von *Popular Mechanics*, stets bemüht, ihrer Leserschaft wertvolle Heimwerkertipps zu liefern, an die Entstehungsgeschichte des Fön – und ließen sich zu einer verbesserten Variante inspirieren, die man ganz schnell selber bauen kann.

Was man dazu braucht? Nicht mehr als einen Staubsauger, einen Holzkasten, ein paar Matten Glaswolle und Asbest sowie einen elektrischen Toaster. Letzteren baut man in den Holzkasten ein, den man von innen erst mit Glaswolle, dann mit Asbest verkleidet hat, damit die Kiste nicht anfängt zu brennen. Vorn und hinten sägt oder bohrt man passende Ein- und Auslässe, an die man wiederum zwei Schläuche hängt: Den einen als Verbindung zum Staubsauger, den anderen, um den herrlich warmen Luftstrom auf das wallende Haar zu richten.

Wer nun den Gedanken, sich den per Toaster aufgeheizten Luftstrom eines Staubsaugers in die Haare zu pusten, in erster Linie unappetitlich findet, sollte die obige Anleitung vielleicht noch einmal lesen. Viel wahrscheinlicher, als dass Hausstaub im Haar landet, ist etwas ganz anderes: Folgt man dieser hier abgebildeten Anleitung, dürfte man sich vor allem Glaswolle und Asbeststaub um die Nase wehen.

Zum Glück lässt sich das auch umkehren, wie das normalerweise etwas ernsthaftere Schwestermagazin *Popular Science* im Jahr 1920 gezeigt hatte. Dabei ging es ebenfalls um die Verwandtschaft von Fön und Staubsauger – nur sollte hier der Fön als Turbine eingesetzt werden und für die Saugwirkung sorgen.

Wozu? Ist doch logisch: Um sich jeden Morgen ganz problemlos den Dreck und die Schuppen aus den Haaren zu saugen. Als Erfinder nannte *Popular Science* »Antonio di Salvio aus Washington«.

Die gesamte Apparatur bestand aus einem hohlen Kamm, der über ein Saugrohr sowohl mit einem »Schuppen Rezeptor« – einem Auffangbehältnis – als auch mit einem Fön »von Friseur-Stärke« verbunden war. Das Ganze soll für so viel Sog gesorgt haben, dass der Haarsauger sogar mit feuchtem Haar fertig wurde.

Mit wie viel Fett er fertig wurde, erfahren wir leider nicht. Vermutlich konnte das Gerät die Haarwäsche doch nicht ganz ersetzen.

# 5 DIE SACHE MIT DEN STRAHLEN

## Blendende Aussichten

Als Wilhelm Conrad Röntgen am 8. November 1895 die später nach ihm benannten Wellen entdeckte, die er selbst zunächst X-Strahlen genannt hatte, war dies weltweit eine wissenschaftliche Sensation. Man stelle sich das vor: Dieses seltsame, nicht sichtbare Licht durchdrang mühelos organisches Gewebe! Mit einem Mal war man nicht mehr nur in der Lage, Fotografien vom Innern des lebenden Menschen zu erzeugen, sondern dessen Innenleben sogar live auf einem Luminiszenz-Bildschirm zu beobachten! Das schlagende Herz konnte man nun sehen und die Wanderung der Nahrung vom Schlund über den Magen bis zum Darm!

Sofort war klar, dass dies der Medizin völlig neue Möglichkeiten eröffnete. Eine kleine Ikone der Wissenschaftsgeschichte ist die Röntgen-Fotografie, die der Entdecker von der Hand seiner Frau machte: Deutlich setzen sich da die Knochen ab vor der nur hauchzart sichtbaren Silhouette des weichen Gewebes. Sie trägt einen Ring am Finger, der auf dem Knochen zu schweben scheint.

Kraftvolle Röhren standen für die Erzeugung dieser Strahlung zur Verfügung. Woran es anfänglich dagegen mangelte, waren Materialien, die empfindlich genug waren, schon mit geringen Strahlendosen ein brauchbares Bild zu liefern. Röntgens Zufallsentdeckung, dass bei bestimmten Röhren auf bestimmten Materialien ein Luminiszieren, ein Nachleuchten im Dunkeln zu sehen war, führte zur Ad-hoc-Entwicklung des Fluoroskops: Bis heute basieren diese Geräte auf einer Fläche, die mit einem Material beschichtet ist, auf der die Röntgenstrahlung eine Weile »nachglüht« – man sieht sich das Bild also »live« an. Nützlicher wäre es natürlich, ein permanentes Bild zu erzeugen, und das war auch Röntgen sofort klar.

Es dauerte eineinhalb Monate, bis er so weit war: Wohl am 22. Dezember 1895 legte seine Frau Anna Bertha Röntgen ihre Hand auf eine Fotoplatte, worüber frei und ohne jede Abschirmung die Röntgenröhre hing. Ihr Mann wird ihr so etwas wie »Und jetzt nicht mehr bewegen!« gesagt haben, denn satte 25 Minuten musste die arme Frau stillhalten, bis das erste Röntgenbild der Geschichte belichtet war. Was Bertha Röntgen über dieses Foto gesagt hat, ist überliefert: »Ich habe meinen Tod gesehen!«

Viele Menschen reagierten in den ersten Jahren ähnlich auf diesen gespenstisch anmutenden Anblick des eigenen Skeletts. Weder Bertha Röntgen noch ihr Mann hatten zu diesem Zeitpunkt jedoch den geringsten Schimmer, wie nah sie der Wahrheit damit kam. So segensreich sich Röntgens Entdeckung auswirken sollte, so grausam rächte sie sich an vielen ihrer Pioniere.

In den ersten Jahren waren Belichtungszeiten bis zu einer Stunde völlig normal. Das konnte nicht ohne Folgen bleiben, denn in den damals üblichen Dosierungen waren die X-Strahlen eine tödliche Bedrohung. Weil das erst über Spätfolgen sichtbar wurde, sollte es Jahre dauern, bis man das begriff.

Röntgen verbesserte seine Technik mit enormer Geschwindigkeit. Schon die Aufnahme, die er am Abend des 23. Januar 1896 anlässlich eines Vortrags in der Sitzung der Würzburger Physikalisch-Medizinischen Gesellschaft von der Hand seines Kollegen Rudolf Albert von Kölliker live vor Publikum machte, dokumentiert diesen Fortschritt: Zwischen den zwei Handaufnahmen liegt nur ein Monat Forschung. Die erste wirkt noch verwaschen und unscharf, die zweite gestochen scharf. Röntgen wurde frenetisch gefeiert.

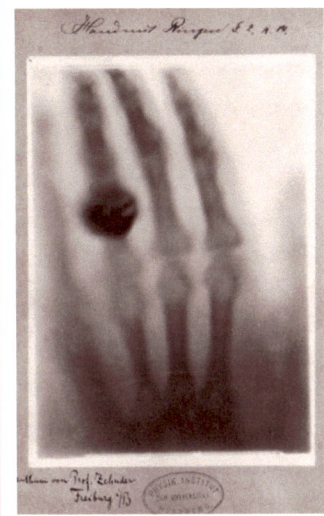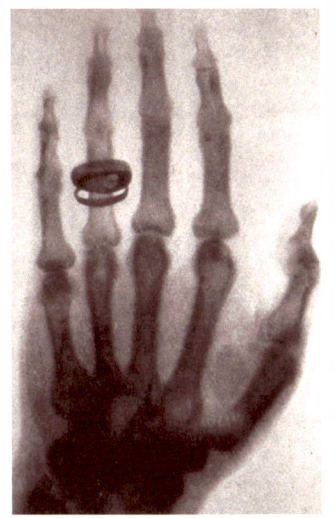

Historisches Foto: Das Bild der Hand von Röntgens Ehefrau Anna Bertha gehört zu den ersten X-Ray-Aufnahmen überhaupt

Jetzt gab es kein Halten mehr: Eine ganze Gelehrtengeneration stürzte sich auf die Röntgenstrahlung. Rudolf Albert von Köllikers Reaktion auf das Röntgenbild seiner Hand brachte die Stimmung schon auf den Punkt. Zutiefst bewegt brachte der Vorsitzende des Würzburger Gelehrtenkreises hervor, dass er in den 48 Jahren seiner Aktivität in diesem Forscherkreis noch nicht erlebt habe, dass etwas derart Großes und Bedeutendes vorgetragen wurde. Es war Kölliker, der daraufhin öffentlich vorschlug, die X-Strahlung in Röntgenstrahlung umzubenennen – angenommen wurde das natürlich nur im deutschen Sprachraum.

## Eine Erfindung erobert die Welt

Was folgte, kann man nur als Röntgen-Boom beschreiben. Die frühen Experimentatoren muteten sich täglich Strahlendosen zu, die wir heute im Laufe eines ganzen Lebens nicht abbekommen. Und das galt nicht nur für die Forscher im Labor.

Auch die Öffentlichkeit nahm direkt ungewöhnlich starken Anteil an der Entdeckung. Eine neue Art der Fotografie schien da zu locken – mit völlig neuen, verstörend intimen Einblicken!

Innerhalb von Monaten nahmen Wissenschaftler, Tüftler, Schausteller und Scharlatane rund um den Globus das Experimentieren auf. Sie voneinander abzugrenzen fiel mitunter schwer, weil die Übergänge fließend waren. So mancher Forscher besserte sich seinen Etat durch öffentliche Shows auf, denn mangels Patentierung konnte jeder aus der Technik machen, was er wollte, ohne dafür Lizenzgebühren zahlen zu müssen.

Röntgen selbst hatte all das ganz bewusst möglich gemacht, weil er auf eine Patentierung seines Verfahrens verzichtet hatte: Die Strahlen waren »Open Source«, wie man heute sagen würde, ein Geschenk an die Allgemeinheit sozusagen.

Schnell wie nie zuvor verbreitete sich infolgedessen eine neue Technologie rund um die Erde. Der Effekt war ähnlich wie der, den rund 100 Jahre später Tim Berners-Lee mit der gemeinfreien Veröffentlichung des WWW-Protokolls erzielte: Quasi über Nacht beschäftigten sich die weltweit fähigsten, kreativsten Köpfe damit.

In den ersten drei Jahren ging es dabei vor allem darum, Verfahren zu entwickeln, die möglichst scharfe Bilder produzierten. Offensichtlich gab es dafür zwei mögliche Ansätze: Zum einen musste man die zur Darstellung des Bildes eingesetzten Materialien verbessern; zum anderen die Qualität und Stärke der Röntgenapparate steigern.

Das eine beeinflusste offensichtlich das andere. Um auf einem suboptimalen Darstellungsmedium ein gutes Bild zu erzeugen, benötigte man höhere Strahlungsintensitäten. Und über die machte man sich anfänglich kaum Sorgen.

Im Jahr 2011 rekonstruierte der niederländische Radiologe Gerrit Kemerink von der Uniklinik Maastricht einen Röntgen-Aufbau aus dem Jahr 1896. Sein Team produzierte ein Röntgenbild von der Hand eines Verstorbenen und maß die dabei anfallende Strahlung. Sie war etwa 1.500 Mal höher als bei einer vergleichbaren Aufnahme mit heutigen Geräten. Bei Körperaufnahmen sollen Strahlenbelastungen angefallen sein, die die heutigen Belastungen um das Zehntausendfache überschreiten.

Laut Kemerink hatten die frühen Gasentladungs-Röhren schon fast etwas Magisches: Ein Funkeninduktor schleuderte krachend Elektroblitze auf eine Metallplatte, die Kathodenröhre schien in einem fahlgrünlichen Licht auf, und die Luft begann, nach Ozon zu riechen. Schon bevor Röntgen entdeckte, dass diese Lampen eine bis dahin unbekannte Form der Strahlung erzeugten, waren sie allein wegen dieser Sound- und Lichteffekte populär und wurden auf Rummelplätzen als Lightshow eingesetzt. Von den umstehenden Schaulustigen hätte man Röntgenbilder machen können.

Einmal mehr zeigte sich, dass wissenschaftlich-technologische Entdeckungen grundsätzlich eher mit Optimismus betrachtete wurden als mit skeptischer Vorsicht. Immer rasanter schien sich Ende des 19. Jahrhunderts die Welt zu verändern, und die meisten damals lebenden Menschen verfielen in einen regelrechten Hightech-Geschwindigkeitsrausch: Die Kraft des menschlichen Geistes war dabei, vor ihren Augen die Welt umzukrempeln!

Unter dem Strich war das ausgehende 19. Jahrhundert eine Zeit des Staunens, das vor allem mit Ausstellungen zelebriert wurde: Technologiemessen und »Elektrizitäts-Ausstellungen«, Weltausstellungen bis hin zu kleinen Schauveranstaltungen brachten der Öffentlichkeit das Staunen bei. Bereits ein Jahr nach Röntgens Entdeckung begannen erste Schausteller, mit öffentlichen X-Strahlen-Demonstrationen durch die Lande zu tingeln.

Das Muster solcher Shows war immer gleich: Im Halbdunkel wurden die Besucher vor einem Fluoreszenzschirm geröngt und konnten sich die nachleuchtenden Bilder kurz ansehen. Alternativ kamen Fluoroskope zum Einsatz, die man sich vor den Kopf hielt oder schnallte und dann beispielsweise eine Hand vor eine Röntgenröhre hielt. Solche Fluoroskope nutzten auch Ärzte bei Diagnose und Operation.

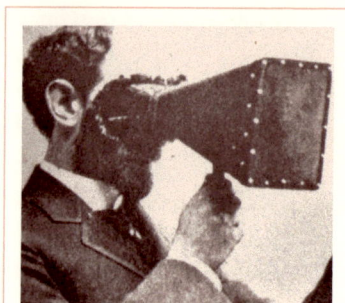

Fluoroskop: Direkter Blick durch den Sehschlitz auf die Strahlenquelle

Es sollte wieder einmal Thomas Alva Edison sein, der die Technik eines anderen maßgeblich verbessern ließ. Edison stürzte sich nach bekanntem Muster auf Röntgens Erfindung: Ihn interessierten die größten Schwächen, aus denen man anschließend ein Geschäft entwickeln konnte. Und er sollte sie bei den Fluoroskopen entdecken – preiswert zu produzierende Geräte, die bei entsprechender Qualität zum einen eine gesunde Gewinnspanne versprachen, zum anderen in Masse produziert werden konnten.

Edison plante das Volks-Fluoroskop, wenn man so will. Röntgengeräte für Jedermann, mit denen man in der gemütlichen Stube mit dieser neuen Form der Fotografie experimentieren konnte, füllten die Anzeigenteile von Fach- und Publikumspresse ab etwa der Jahrhundertwende. Röntgenstrahlung schickte sich an, Hobbyraum und Spielzimmer zu erobern.

In Frankreich soll es kurzzeitig ein Theaterstück gegeben haben, in dem die durchleuchteten Schauspieler vor Luminiszenzschirmen agierten. Nur dort erprobte die deutsche Spielzeugfirma Märklin auch den Verkauf eines Röntgenapparats für Kinder – stromerzeugende Elektrisiermaschine inklusive. In wohlhabenderen Kreisen verlustierte man sich mit Gasentladungsröhren und Fluoroskopen – eine prächtige Ergänzung der gerade sehr populären Séancen-Partys.

Doch die Zeit um die Jahrhundertwende war nicht nur euphorisch, sondern auch furchtsam, nicht nur sinnenfroh und neugierig, sondern auch prüde und bigott. Das alles musste darum auch Ängste vor Nebenwirkungen wecken, und zwar sittlicher Art.

Man befürchtete, dass bald schon generell zu viel Durchblick herrschen würde.

Viel zitiert, aber nicht gesichert ist die Anekdote, derzufolge ein Abgeordneter aus New Jersey ein gesetzliches Verbot von X-Strahlen in Operngläsern gefordert haben soll (nicht, dass das realistisch gewesen wäre!). Tatsache ist, dass Kleidungshersteller Unterwäsche anboten, die angeblich sicher vor der Durchleuchtung mit X-Strahlen schützen sollte. Für Satiriker waren das Steilvorlagen: Die Angst vor dieser neuen Art der Spannerei floss in unzählige zeitgenössische Karikaturen ein.

Wie schnell die X-Strahlen zur zeitgenössischen Popkultur gehörten, zeigt eine Karikatur aus der Münchner Zeitschrift *Jugend* aus dem Jahr 1896: Da wird ein honoriger Stadtfürst, der öffentlich beklagt hatte, überall in München mit Nacktheit konfrontiert zu werden, damit auf den Arm genommen, dass man ihm Röntgenaugen attestierte – anders sei das mit den nackten Visionen nicht zu erklären.

# BART AB MIT SCHLAMM UND RÖNTGENSTRAHLEN

Den Bart von den Wangen der Männer zu entfernen gelang mithilfe einer schlammartigen Paste, die von einem New Yorker Arzt erprobt wird.

Nach Auftragen der Masse härtet diese aus und wird abgerissen. Am Ende der Prozedur werden Röntgenstrahlen auf die Haut gerichtet. Der Erfinder der Methode behauptet, sie sei heilsam und entferne bei regelmäßiger Anwendung auch Narben und andere hartnäckige Makel. Es heißt, die klebrige Behandlung habe keine schädlichen Nebenwirkungen für die Haut.

*Popular Mechanics,* 1924

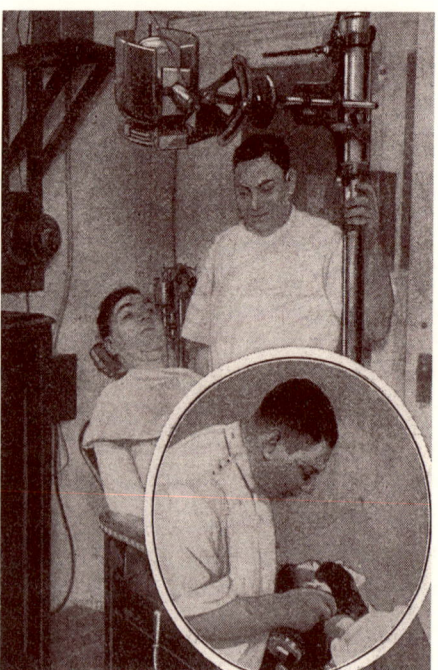

Der Bart eines Mannes wird entfernt unter Einsatz von Schlamm (unten) und Röntgenstrahlung.

## Die späte Rache der Strahlen

Es war die letzte, zudem kurze Phase der Unschuld im Umgang mit den Kräften und Risiken der Strahlen. Natürlich hatte es nicht lange gedauert, bis die Pioniere entdeckten, dass sie schnell auch Verbrennungen auslösen konnten. Einige Jahre später begann man, die X-Strahlen gezielt im Rahmen von Bestrahlungen zur Bekämpfung von Krebs und Hautkrankheiten zu nutzen. Für einige Jahre aber behandelte man die daraus resultierenden Hautrötungen und Irritationen ähnlich wie den Sonnenbrand: Man versuchte, es zu vermeiden. Aber wenn es geschah, war es eben auch nicht mehr als ein Ärgernis.

Der Fall Clarence Madison Dally sollte das ändern.

Clarence Dally und sein Bruder Charles gehörten zum Stab von Edisons Assistenten. Ihre ganze Familie arbeitete im Forscherpool der Edisons, hatte sich vor allem bei der Entwicklung und Verbesserung der Glühbirnen-Produktion hervorgetan. Clarence Dally galt unter anderem als begnadeter Glasbläser. Von 1896 an arbeitete er in der kurzfristig geschaffenen Forschungsabteilung zur Verbesserung der Erzeugung von Röntgenröhren und Fluoroskopen. Dally war die fleißige Arbeitsbiene, die es Edison innerhalb weniger Monate erlaubte, eine gegenüber Röntgens Geräten erheblich verbesserte Technik vorzustellen. Bereits im Mai 1896 führten Dally und Edison ihre Röntgentechnik als öffentliches Spektakel in New York vor.

Schon zu diesem Zeitpunkt muss Dally hochgradig verstrahlt gewesen sein. Jegliche Forschung an den neuen Strahlen geschah durch Versuch und Irrtum: Niemand weiß, wie viele Kombinationen von Beschichtungen und Röhren Dally ausprobierte – immer wieder aufs Neue setzte er sich vor eine Röhre, hielt seine Hand davor und betrachtete das Ergebnis durch ein Fluoroskop. Wie ein Besessener soll er gearbeitet haben, Tag für Tag, bis spät in die Nacht.

Als Erstes verlor er seine Haare, seine Hände zeigten Verbrennungen, seine Haut Veränderungen. Edison war irritiert, bald alarmiert. Bis 1900 zeigten sich außerdem Geschwüre in Dallys Gesicht. Gerade 35 Jahre jung war er und kaum mehr in der Lage, zu arbeiten. Immer wieder schwoll seine linke Hand rot und äußerst schmerzhaft an – wie bei allen rechtshändigen Röntgen-Pionieren war das die Testhand.

Dally, wie verhext von seiner Arbeit, ließ sie abschwellen und machte weiter. Als der Schmerz bis 1902 chronisch und unerträglich wurde, ging er dazu über, seine rechte Hand als Testhand zu benutzen. Was die Medizin zu diesem Zeitpunkt in ihrem Repertoire hatte, war längst ausgeschöpft – bis hin zu dem Versuch, Haut vom Oberschenkel auf den so schlimm betroffenen Unterarm zu übertragen. Im Juni 1902 wurde klar, dass einige seiner zahlreichen Geschwüre Karzinome waren: Dallys linke Hand wurde bis über das Gelenk amputiert.

Der als knallharter Geschäftsmann berüchtigte Edison war erschüttert. Dallys Leiden aber hatten gerade erst begonnen. Kurz nach der Amputation der linken Hand traten erste Karzinome in der rechten auf: Dally verlor vier Finger. Im Laufe des folgenden Jahres wurde ein Arm bis zur Schulter, der andere bis zum Ellbogen amputiert. Edison stellte jeden Verkauf seiner für die Öffentlichkeit gedachten Fluoroskope ein, zog sich zudem offiziell aus jeder weiteren Forschung über Röntgenstrahlung zurück. Ein beispielloses Vorgehen bei einem Mann, der über Jahrzehnte versucht hatte, jeden aufkommenden Hightech-Markt zu dominieren. »Sprechen Sie mich nicht auf X-Strahlen an«, zitierte ihn am 3. August 1903 die Zeitung *New York World*, »ich habe Angst davor.«

Bereits Ende 1901 habe er alle Forschungen einstellen lassen, sagte Edison, nachdem Dally seine Arme kaum noch gebrauchen konnte und er selbst beinahe sein Augenlicht verloren hatte. Für ihn sei das Thema Strahlen nun gegessen: »Ich fürchte mich auch vor Radium und Polonium, und ich will damit nicht herumpfuschen.«

Edisons Assistent Clarence Dally war da längst verloren und lebte in permanenter Agonie. Sein Arbeitgeber gab sich selbst die Schuld dafür, bezahlte ihn – durchaus im Bruch mit damaligen Gepflogenheiten – bis zum Ende weiter und kam auch für die Kosten seiner Pflege auf. Dally starb im Oktober 1904 im Alter von 39 Jahren. Er war das erste dokumentierte Strahlenopfer.

Edison gehörte zu den Wenigen, die aus dieser menschlichen Tragödie lernten. Noch immer glaubten die meisten, dass die mysteriösen Kräfte des Universums, Magnetismus, Elektrizität, die Hertzsche Strahlung, Röntgenstrahlung und nun auch Radioaktivität mit der geheimnisvollen Lebenskraft zusammenhingen. Ein Kurzschluss, der mit entsprechend fahrlässigem Umgang mit den Neuentdeckungen einherging. Röntgen und X-Strahlen wurden zur Popkultur und sogar zum beliebten Bestandteil zahlreicher Markennamen und Produktbezeichnungen. Wo so etwas draufstand, musste ja wohl Kraft drin sein!

Zum Glück war zumindest das natürlich völliger Blödsinn, Röntgenstrahlung lässt sich nicht verpacken. Doch leider kann man das von Radioaktivität nicht behaupten.

1896 untersuchte Marie Curie die von Henri Becquerel Ende 1895 entdeckte Strahlung von Uranverbindungen und prägte dafür die Bezeichnung »radioaktiv« – das heißt: »aktiv Strahlen aussendend«. Zwei Jahre später entdeckte sie gemeinsam mit ihrem Ehemann Pierre die neuen Elemente Polonium und Radium. Hier hatte man nun eine ganze Gruppe von natürlich vorkommenden Elementen, die von sich aus strahlten, und also eine geheimnisvolle Kraft enthielten, von der man schnell begriff, wie gewaltig sie sein könnte. Radioaktivität schien die Urkraft des Universums selbst zu sein.

Man begegnete ihr mit derselben naiven Zuversicht, mit der man die »X-Rays« begrüßt hatte. Auch die Curies ahnten zunächst nicht, wie gefährlich die Materialien waren, mit denen sie hantierten. Bereits 1898 traten bei Marie Curie die ersten Symptome für eine Strahlenkrankheit auf – es gibt kaum Pioniere der Strahlenforschung, die ihre Arbeit schadlos überlebt haben. Bis 1903 erlitten die Eheleute mehrere radioaktive Verbrennungen und begannen, Symptome von Strahlenkrankheit zu zeigen. Sie verhinderten unter anderem, dass Marie Curie den ersten der zwei ihr verliehenen Nobelpreise entgegennehmen konnte.

Die Gesundheitsrisiken im Umgang mit den radioaktiven Materialien wurden den beiden spätestens dann klar, als Pierre sich im Selbstversuch mit Radium verbrannte und sich dadurch eine vernarbende Wunde zufügte, die über zwei Monate brauchte, um zu verheilen.

Pierre Curie starb 1906 bei einem Verkehrsunfall. Ob Marie Curie zu den Strahlenopfern zu zählen ist, ist umstritten: Frei von Beschwerden war sie nach 1898 nicht mehr und starb 1934 im Alter von 67 Jahren an einer Aplastischen Anämie. Es gilt als wahrscheinlich, dass diese durch ihre jahrzehntelange Strahlenbelastung als Forscherin und Radiologin verursacht worden war.

Die Tatsache, dass Schädigungen selbst bei Menschen, die täglich mit den neuen Strahlen umgingen, oft mit langer Verzögerung auftraten, verbarg deren Gefährlichkeit in gewissem Maße. Dazu kam, wie unfassbar selten die strahlenden Materialien waren: Man brauchte rund 3000 Tonnen Pechblende, um ein Zehntel Milligramm Polonium zu gewinnen. Doch es war Radium, das über Jahrzehnte das kostbarste, teuerste Material der Welt wurde. Auch das wertete die Strahlenträger in den Augen der staunenden Öffentlichkeit auf.

Einige Gegenden in den USA erlebten einen regelrechten Radium-Rush, als Glücksritter in Massen nach einem Material zu buddeln begannen, das man im Jahr 1920 für unglaubliche 100.000 Dollar pro Gramm verkaufen konnte. Das beflügelte die Phantasien.

Zwischen 1909 und 1910 gelang es dem deutschen Journalisten Arthur Brehmer, 22 prominente Wissenschaftler, Intellektuelle und Publizisten dazu zu bewegen, ihre persönlichen Visionen für die Welt in 100 Jahren zu entwerfen – für das Jahr 2010 also. Das daraus entstandene Buch *Die Welt in 100 Jahren* war ein Achtungserfolg und wurde in der Neuauflage 2010 zu einem echten Bestseller und zum Wissenschaftsbuch des Jahres.

Kein Wunder: Es finden sich darin von Technikeuphorie befeuerte Utopien, idealistische Träume von sozialem und kulturellem Fortschritt, heute aberwitzig zynisch anmutende Halluzinationen vom perfekten Krieg, aber eben auch verblüffend treffsichere Prognosen wie Robert Sloss' Vision vom »drahtlosen Jahrhundert«. Sloss antizipierte darin nicht nur das Radio, sondern gleich auch noch das Handy, und das in einer cleveren Mehrfunktions-Variante.

Als durchwachsen hellsichtig erwies sich dagegen der Beitrag *Das Jahrhundert des Radiums* von Everard Hustler. Er sah darin durchaus die vielfältigen Nutzungsmöglichkeiten der Atomkraft voraus – von der Energiegewinnung bis zum potentiellen Völkermord. Gerade deshalb, so Hustler, werde es auch keine Kriege mehr geben, denn Krieg sei nur so lange möglich, »solange uns keine Waffe zu Gebote steht, gegen die es keine Gegenwehr gibt«. Das Radium gehe einher mit einer »Unmöglichkeit der Verteidigung« – die gleiche Logik lag 40 Jahre später dem Abschreckungs-Irrsinn des Kalten Kriegs zugrunde, von dessen Aufrüstungswahn sich die Welt noch immer nicht erholt hat.

Für Hustler also war das die Garantie ewigen Friedens. Sein Beitrag ist von einer totalen Zuversicht in die absolute Beherrschbarkeit der Atomkraft gezeichnet, die uns heute schaudern lässt.

# DAS SKIAMETER: WIE STARK IST MEINE RÖNTGENRÖHRE?

Die Qualität einer Röntgenröhre, d. h. ihren Härtegrad, beurteilt man gewöhnlich nach der Intensität des Schattens, den die vorgehaltene Hand auf den durch die Röntgenstrahlen zur Fluoreszenz gebrachten Barium-Platin-Cyanür-Schirm wirft; je dunkler der Schatten, desto weicher die Röhre, und umgekehrt. Hiervor ist außerordentlich zu warnen, da die Schädigungen der Haut dauerhaft und groß sind. Man nimmt daher am besten ein Handskelett. Auch mit den Skiametern läßt sich die Penetrationskraft der Röntgenstrahlen bestimmen.

Der Apparat besteht aus schwarzem Karton; der Teil a ist 25 cm lang (mittlere Sehweite) und schließt bei den Augen lichtdicht ab. Er enthält einen Fluoreszenzschirm und hinter diesem auf Karton befestigt die aus Bleidraht gebogenen Zahlen 1–36, jede bedeckt mit einer der Nummer entsprechenden Anzahl von Stanniollagen gleicher Dicke.

Der Teil c, der die Röhre berührt, sichert für alle Beobachtungen den gleichen Abstand von der Antikathode. Der Untersuchende erblickt in dem Apparat das untenstehende Bild. Die höchste noch eben als Schatten auf dem hellern Hintergrund angedeutete Zahl gibt an, wie viel Stanniollagen die Röntgenstrahlen noch genügend zu durchdringen vermögen, und bietet den Maßstab für die Höhe des Vakuums.

Walther hat ein Skiameter mit einer Härteskala konstruiert, bei der die Metallbelege nicht aus Stanniol, sondern aus Platin angefertigt sind; auch wächst die Dicke derselben nicht in arithmetischer, sondern in geometrischer Progression; hierdurch kommt man mit einer kleineren Zahl (8) Feldern aus, so daß eine Nummerierung überflüssig, anderseits die Bestimmung des Härtegrades von der Belastung der Röhre so gut wie unabhängig ist. Andre Härtegradmesser sind noch der Radiometer von Benoist und der Kryptoradiometer von Wehnelt. So relativ einfach die Messung der Qualität der Röntgenstrahlen ist, um so schwieriger ist die quantitative Bestimmung; und doch ist gerade diese von der größten Wichtigkeit, zumal bei der therapeutischen Verwendung der Röntgenstrahlen, um ihre schädigende Wirkung auf den Patienten zu verhüten. Wir können zwischen einer indirekten und direkten Messung unterscheiden.

(*Meyers Großes Konversations-Lexikon,* Band 17. Leipzig 1909)

»Beispielsweise«, schrieb er da, »wird es in hundert Jahren gewiss in keiner Stadt mehr elektrische, geschweige denn eine Gasbeleuchtung mehr geben. Es wird das Radium das Licht der Welt geworden sein.«

Glühbirne ade: Was man in Zukunft brauchen werde, sei allein ein satter Anstrich der Gebäude mit Pechblende, beschichtet mit einem luminiszierenden Material wie im Fluoroskop, dann werde alles quasi von innen heraus leuchten – Glühwürmchen aller Länder, vereinigt Euch!

Hustler:

*Jede weitere Straßenbeleuchtung wird dadurch unnötig werden, denn das Bombardement der Atome ist ein unaufhörliches und der Energieverlust ein so geringer, dass man ihn erst nach Jahrhunderten gewahr werden würde. Radium ist nämlich die einzige bisher bekannte Substanz, deren Energie eine immerwährende, ewige ist, und die trotz einer Aktivität, die auf der Welt ihresgleichen nicht hat, nie oder, wie gesagt, für uns ganz unmessbar abzunehmen scheint. Die Singer-Buildings in Newyork, der Stefansturm in Wien, der Rathausturm in Berlin würden mit diesem Anstrich, sobald das Dämmerlicht eintritt, ganz leicht zu leuchten beginnen, und mit zunehmender Dunkelheit würden sie in immer hellerem Lichte erstrahlen, das endlich so intensiv werden würde, dass es weithin alles mit seinem milden Glanz übergießen müßte.*

Und was ist mit den Gefahren dieser »zerstörendsten Kraft (...), die jemals in eines Menschen Hände gelegt worden war«? Der geringe Radiumanteil in den Wandfarben garantiere, so Hustler, dass niemand geschädigt werde, sondern ganz im Gegenteil der Gesundheit höchst förderliche Effekte erfahre – genau wie in den radioaktiven Heilbädern, die inzwischen so populär geworden waren.

Hustler:

*Es besteht aber kein Zweifel darüber, daß wir zu der Annahme berechtigt sind, die Zukunft werde dem Radium ein Zeitalter völliger Krankheitslosigkeit danken. Noch seltsamer als alle diese Wunderkuren muss uns die sichere Aussicht erscheinen, daß auch das Alter künftighin seinen Einfluß auf unseren Organismus verlieren, und daß es kein Altern mehr geben wird. Die kommenden Geschlechter werden ewig junge Menschen hervorbringen, Menschen voll physischer Kraft und voll Schönheit, Menschen die vom Kranksein nichts wissen und alle Berichte über Krankheiten und Seuchen als seltsame Märchen aus einer fernen, vergessenen Welt betrachten werden.*

Heute würde man sagen: »Was auch immer der getrunken hat, da hätte ich auch gern einen von!« Aber Hustler war kein Spinner, sondern ein bestens informierter Intellektueller. Seine radioaktiven Visionen spiegeln den Zeitgeist.

Radioaktive Heilwässer pries man tatsächlich als wahre Wundermedizin. Etliche Heilbäder hatten sich als sanft strahlend erwiesen, diese bis heute angewandten und bis heute nicht unumstrittene Radontherapie nahm vor allem in Deutschland und England ihren Anfang. Und die heilsamen Strahlen des Radon konnte man sich nicht nur äußerlich verabreichen: Zu Beginn des 20. Jahrhunderts machten sich Wasseraufbereiter im privaten Haushalt breit, mit denen eine Art perlendes Mineralwasser produziert wurde. Sie bestanden aus Gläsern, häufiger aber aus Steingut-Behältern, die man mit Wasser füllte und sodann ein radioaktiv strahlendes Mineral in sie hinabsenkte. »Vitalisiert« nannte man solche mit radioaktiven Isotopen versetzte Wässerchen.

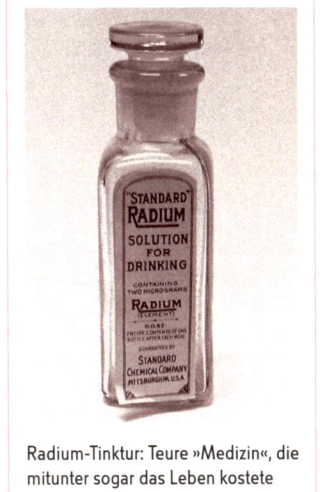

Radium-Tinktur: Teure »Medizin«, die mitunter sogar das Leben kostete

Die dabei entstehende Strahlenbelastung ist relativ hoch, aber kurzlebig: Solange man nur die Radongase mit ihrer sehr kurzen Halbwertszeit zu sich nimmt, kommt es zu keiner andauernden Belastung. Anders sieht das aus, wenn man die radioaktiven Materialien selbst aufnimmt – also isst.

Bis 1950 wurde aus Deutschland die besonders wertvolle, mit Radium versetzte Schokolade in die ganze Welt exportiert.

Aus heutiger Perspektive klingt das unfassbar, aber bis circa 1950 war das durchaus gängig: Aus Deutschland wurde besonders wertvolle, mit Radium versetzte Schokolade in alle Welt exportiert. Gesundheitsbewusste Menschen warfen präventiv strahlende Pillen ein. Für radioaktiv verstrahlte Lebensmittel zahlte man gern

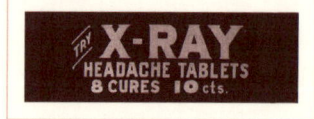

einen Aufpreis. Und die lumineszierenden Effekte radioaktiver Kosmetika, wie etwa die vielfältigen Produkte der französischen, aber weltweit erhältlichen Marke Tho-Radia schienen einen ganz besonderen Sex-Appeal zu bringen.

Als sich abzeichnete, dass der Zweite Weltkrieg verlorengehen würde, versuchten deutsche Magnaten, die ursprünglich zur Waffenherstellung produzierten oder in Frankreich konfiszierten radioaktiven Materialien umzuwidmen und zu einem profitablen Geschäft zu machen. Doramad, die seit etwa 1935 hergestellte deutsche radioaktive Zahnpasta, erlebte zwar nur eine kurze Karriere – doch immerhin konnte sie mit Fug und Recht mit strahlenden Zähnen werben.

Kosmetik: Die französische Marke Tho-Radia hatte vom Rouge über Cremes und Lippenstifte bis zur radioaktiven Zahnpasta alles im Angebot, was man sich wünschen konnte

Als nach der deutschen Kapitulation ein Güterzug mit radioaktiven Materialien gefunden wurde, war dies für die Alliierten zuerst ein Schock. Sie vermuteten, die Deutschen hätten kurz vor der Konstruktion einer Atombombe gestanden, obwohl die gefundenen Materialien dafür nicht tauglich gewesen wären. Nach ausgiebigen Verhören, die aus ihrer Perspektive eher verblüffend ausfielen, akzeptierten sie, auf eine Lieferung von Material zur Zahnpasta-Herstellung gestoßen zu sein.

Nicht, dass die Amerikaner viel weiser gewesen wären. Die Naivität im Umgang mit der Radioaktivität war grenzenlos. Noch in den 1950ern schickten die Amerikaner Soldaten testweise in den Fallout ihrer atomaren Versuchs-Explosionen, um zu sehen, ob ihnen das schaden würde.

## *Ein Stück Gesundheit, dessen Erhaltung mehr als wichtig für Sie ist.*

Um Ihre Zähne geht es hier, von denen es abhängt, ob Ihnen Essen, Lachen, Sprechen immer eine Freude sein werden, ob Ihr Mund und Ihr Gesicht ihr glattes, gepflegtes Aussehen behalten, ob Ihre Kaukraft erhalten bleibt, die bekanntlich eine wichtige Rolle für die Verdauung spielt.

## *Ein hohler Zahn ist Warnung genug!*

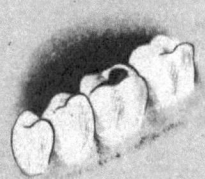

Ihm fehlte die Zufuhr notwendiger Aufbaustoffe und Abwehrkräfte. Darum ist er erkrankt. Heute geht es dem einen Zahn so. Ein Jahr später aber vielleicht vielen! Schützen Sie sich durch Pflege mit der biologisch wirksamen, radioaktiven „Doramad-Zahncreme". Durch ihre feine radioaktive Strahlung - welche noch lange nach dem Putzen das Zahnfleisch massiert - werden Zellstoffwechsel, Nahrungszufuhr und Abwehrkräfte wesentlich gesteigert und angreifende Krankheitserreger vernichtet.

## *Leiden Sie unter Zahnfleischbluten, krankem Zahnfleisch oder Zahnlockerung?*

Dann benutzen Sie „Doramad" erst recht. Das Zahnfleisch blutet bald nicht mehr beim Bürsten, es wird straff und bekommt gesunde, schöne Farbe. Eiterungen verschwinden und lockere Zähne festigen sich häufig wieder, wenn es nicht zu spät ist und nur der Facharzt helfen kann. Zur Vorbeugung gegen das Entstehen derartiger Erkrankungen sollte jeder „Doramad" benutzen.

— „Doramad" ist radioaktiv — Wissenschaftliche Zusammensetzung und edelste Rohstoffe geben ihr aber noch weitere Vorteile. Die 5 Zahnpfleger der „Doramad" sagen sie Ihnen rückseitig.

**Doramad**
Radioaktive Zahncr

Genau wie im Körper überall herrscht auch in der Mundhöhle, dem Einfallstor für viele Krankheitserreger, ein fortwährender Kampf zwischen den natürlichen Abwehrkräften und den eingedrungenen schädlichen Bakterien. Diese Krankheitserreger können auf natürlichem — biologischem — Wege erfolgreich bekämpft werden, weil „Doramad" die Abwehrkräfte des Organismus unterstützt.

# 5 Doramad-Zahnpfleger
## stellen sich vor

Ich bin die radioaktive Substanz. Meine Strahlen massieren das Zahnfleisch. Gesundes Zahnfleisch - gesunde Zähne.

Ich bin die medizinische Seife - mein Schaum reinigt die ganze Mundhöhle bis in alle Winkel.

Ich - der Emulgator - sorge dafür, daß „DORAMAD" immer sahnig und frisch bleibt!

Ich bin das Aroma - durch mich erfrischt „DORAMAD" köstlich die gesamte Mundhöhle!

Ich - der ganz feine Putzkörper - mache die Zähne blendend weiß, schone den Schmelz!

## Das ist die radioaktive biologisch wirksame Zahncreme

# Doramad
### Radioaktive Zahncreme

KLEINE TUBE 45 ₰
GROSSE TUBE 75 ₰

EIN ERZEUGNIS DER
AUERGESELLSCHAFT · A·G · BERLIN · N·65

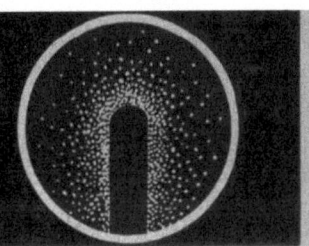

## Was ist „biologische" Wirkung?

„Bios" ist griechisch und heißt Leben. Biologisch nennt man
eine Wirkung dann, wenn sie lebensfördernd ist, bei „Dora-
mad" also die Wirkung, die durch den Zusatz von radio-
aktiver Substanz erzielt wird und in solcher Art nur dieser
Zahncreme eigen ist: Steigerung der Blutzirkulation in den
Geweben des Zahnfleisches und der Zähne, dadurch bessere
Ernährung der natürlichen Abwehrkräfte gegen schädliche
Einflüsse, Vernichtung angreifender Krankheitskeime, Er-
höhung der gesamten Lebenskräfte in den Geweben des
Mundbereiches.

## Zur Beachtung!

Die kostenlose Probe soll Sie in erster Linie vom äußerst
angenehmen, neuartigen Geschmack, von der großen Er-
giebigkeit und überhaupt von allen ihren trefflichen Eigenschaften überzeugen, die man bei „Doramad" sofort fest-
stellen kann.

Einen sichtbaren gesundheitlichen Erfolg dürfen Sie jedoch
von dieser kleinen Probe nicht erwarten. Ein solcher kann
nur durch ständige, regelmäßige „Doramad" - Anwendung
erreicht werden.

Wer auf möglichst rasche Ergebnisse Wert legt, besorge
sich mit der Probetube auch gleich eine kleine Tube für
45 Pfg. oder eine große Tube „Doramad" für 75 Pfg., damit in der radioaktiven Wirkung keine zu große Unter-
brechung eintritt.

## AUERGESELLSCHAFT A.-G.

BERLIN N 65 · FRIEDRICH-KRAUSE-UFER 24

Gleich zweimal hielt die Atomtechnik sogar im Golfsport Einzug. In den 1930ern warf ein Hersteller einen dank Radium-Farbe lustig lumineszierenden Ball auf den Markt. Solche Lacke fielen aber in Ungnade, nachdem die horrenden Leidensgeschichten der sogenannten »Radium-Girls« bekannt geworden waren: Hunderte von Frauen hatten sich erheblich mit Radium verstrahlt, als sie Leuchtzeiger für Uhren mit solchen Farben bemalten. Weil diese ihnen als völlig harmlos verkauft worden waren, leckten viele von ihnen die Pinsel zwischendurch an, um eine feine Spitze zu erhalten. Wie viele der Schätzungen zufolge rund 4.000 Arbeiterinnen an Strahlenschäden starben oder erheblich an Krebs erkrankten, ist nicht bekannt – es waren nicht wenige.

Fünf Arbeiterinnen klagten, und der Prozess schrieb in zweierlei Hinsicht Geschichte: Zum ersten Mal wurde ein Arbeitgeber verurteilt, weil die von ihm vergebene Arbeit krank machte. Außerdem initiierte der Fall eine ganze Reihe Untersuchungen der Arbeiterinnen, welche dazu beitrugen, die weltweit ersten Grenzwerte für den Strahlenschutz zu definieren. 2011 erfuhren die letzten Überlebenden eine späte Würdigung: In Ottawa, einem der damaligen Fabrikstandorte, wurde ein Denkmal für die im Dienst vergifteten jungen Frauen enthüllt.

Es ist heute schwer zu verstehen, wieso der Erkenntnisprozess derart langsam verlief. Bereits in den ersten Jahren des neuen Jahrhunderts hatte es Hinweise auf die Gefährlichkeit der neuen Strahlung gegeben. Der Prozess der Radium-Girls dokumentierte etliche Todes- und Krankheitsfälle. Und selbst das wäre kaum nötig gewesen: In einer makabren Inventur der Zeitung *New York World* 1924 wurden 140 Radioaktivitäts-Forscher gezählt, die bis dahin ihr »Leben für die Wissenschaft« gegeben hatten.

Trotzdem hielt sich der unbedingte Fortschrittsglaube, das Grundvertrauen in die Beherrschbarkeit aller Dinge bis spät in die 1950er.

Wie weit diese Naivität ging, lässt sich am besten mit dem Gilbert U-238 Atomic Energy Lab zeigen, das von 1950 bis 1952 zum damals astronomisch hohen Preis von 50 Dollar verkauft wurde: Der Experimentierkasten für Kinder war deshalb so teuer, weil er neben einem Geigerzähler und anderen funktionierenden Messgeräten auch vier Proben radioaktiver Materialien enthielt – inklusive eines Gamma-Strahlers. Für den Bau einer eigenen Bombe reichte das zwar nicht, reichte aber locker aus, um sich selbst etwa durch Verschlucken der Mineralien nachhaltig zu vergiften.

Auch dem Wahnsinn radioaktiver Kosmetika, Nahrungsmittel und homöopathischer Pseudo-Medikamente setzte letztlich nur die tödliche Beweiskraft spektakulärer menschlicher Tragödien ein Ende.

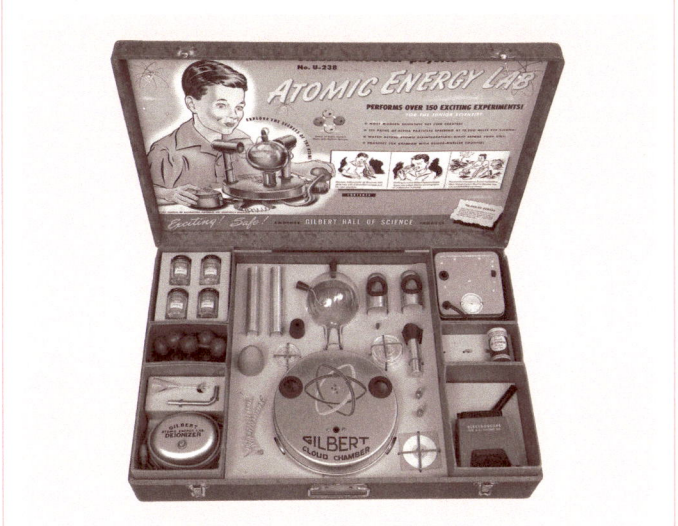

Das Gilbert U-238 Atomic Energy Lab (1951) war nicht das einzige radioaktive Spielzeug, aber eines der letzten seiner Art

# FLUOROSKOP EIN ERFOLG:

## MR. EDISONS ERFINDUNG AUF ELEKTRIK-AUSSTELLUNG GEZEIGT

Thomas A. Edisons Fluoroskop wurde gestern Abend auf der Elektrik-Ausstellung fast 2000 Personen demonstriert. Die Fluoroskop-Vorführung war in jeder Hinsicht ein großer Erfolg. Jeder durfte die Knochen seiner Hand, des Handgelenks und des Unterarms ansehen.

Die Neugierigen wurden durch eine Tür des hergerichteten Raums eingelassen und fanden sich unversehens in fast völliger Finsternis, die durch schwarze Vorhänge an den Wänden noch verstärkt wurde. Das einzige Licht kam von einer kleinen, roten Glühlampe. Die Zuschauer wurden in einer Reihe aufgestellt und jeder einzelne hielt, als er vor dem fluoreszierenden Schirm ankam, die Hand dahinter, damit die Röntgenstrahlen darauf fallen konnten.

Mr. Edison saß geduldig auf der erhöhten Plattform und schaltete alle paar Sekunden die Spannung ein und aus, während Mr. Stieringer die Aufsicht im Saal führte und Mr. Osterberg den Besuchern erklärte, wie die Hände gehalten werden sollten, um die am besten sichtbarsten Knochen zu erreichen.

Eine Frau streckte ihre Hand zu weit nach hinten aus und berührte die mit der Röntgenröhre verbundenen Drähte. Dabei bekam sie einen Teil der auf 240.000 Volt geschätzten Spannung ab, wobei die Menge des Stroms nur ein Millionstel eines Ampere betrug. Sie gab einen unterdrückten Aufschrei von sich, der ein richtiger Schrei gewesen wäre, hätte sie ihn mit vollem Druck entlassen, so glücklicherweise aber nur von ihrem männlichen

Begleiter und Mr. Stieringer wahrgenommen wurde. Der männliche Beschützer hielt es für seine Pflicht, deshalb mit jemandem den Kampf aufzunehmen, wurde aber mit den beruhigenden Worten eines Polizisten, der neben Mr. Stieringer stand und die Ursache der Unruhe sofort erfasste, wieder zur Ruhe gebracht. Die Frau wurde nicht verletzt, obwohl sie sich erheblich erschreckt haben mag, und die einzige wirklich geängstigte Person war Mr. Edisons Assistent »Fred«, der die kostbare Röhre bewachte.

Was man an Ruhm erringen konnte bei der Vorführung, wurde von den Frauen gewonnen. Sie erkannten ihre eigenen Knochen, was mehr war, als man von einigen Männern sagen konnte. Zum Teil war diese schnelle Erkenntnis der Tatsache geschuldet, dass die meisten der Frauen Ringe trugen und die Abstände zwischen Fingern und Knochen dadurch zu offensichtlich waren, um Zweifel zu erlauben.

Eine kluge Frau versteckte zwei kleine Münzen in ihrer Handinnenfläche, die durch ihren Handschuh verdeckt wurden, und sah die Münzen klar und deutlich, durch Handschuh und alles andere hindurch.

Ein Mann sagte hörbar, nachdem er den Schirm passiert hatte, dass dieser nichts als mattiertes Glas sei. Mr. Stieringer holte ihn zurück und brachte ihn dazu, seine Hand so lange hoch zu halten, bis er ein Loch durch den Schirm gestarrt hatte.

Viele der Männer hielten an, nachdem sie den Schirm passiert hatten, und sahen hinauf zum nur undeutlich sichtbaren Mr. Edison. Sie schienen ihn für eine weit größere Sehenswürdigkeit zu halten als die wundervollen Effekte der Röntgenstrahlen.

(*New York Times,* 12. Mai 1896)

## Die grausame Geschichte vom Mann, der sein Gesicht verlor

Eben McBurney Byers (12. April 1880–31. März 1932)

Der amerikanische Industriellensohn Eben M. Byers war in den ersten Jahren des 20. Jahrhunderts wohl so etwas wie der Prinz von Pittsburgh. 1880 als Sohn des Stahlunternehmers Alexander M. Byers geboren, wurden ihm Reichtum und Prominenz in die Wiege gelegt: Die Familie residierte fürstlich in einer der damals besten Gegenden der Stadt, der Vater gehörte seit Jahrzehnten zu ihren angesehensten Bürgern.

Sein Vater, Alexander M. Byers, war nicht einfach Stahlbaron, er war ein Selfmademan: Aus einfachen bäuerlichen Verhältnissen kommend hatte sich Alexander M. Byers aus eigener Kraft hochgearbeitet – er verkörperte den amerikanischen Traum.

Ohne nennenswerte Schulbildung landete er im frühen Jugendalter in der durch den Eisenbahn-Boom gerade kräftig wachsenden Stahlindustrie. Seine Biografie ist die Erfolgsstory eines Gewinners der Industriellen Revolution. 1843 wurde er im Alter von nur 16 Jahren Vorarbeiter am Hochofen der Henry Clay Furnace Company. Nur fünf Jahre später zeichnete er nicht nur für die gesamte Produktion eines Stahlwerks verantwortlich, sondern brachte auch erste eigene Innovationen im Bereich der Schmelz- und Härtungsverfahren ein – der formal ungebildete junge Mann war auf dem Weg, zu einem erfolgreichen Ingenieur und anschließend zu einem prominenten Industriellen zu werden.

Es folgte eine rasante Karriere, die ihn nicht nur etliche Unternehmen in mehreren Städten und US-Bundesstaaten durchlaufen, sondern auch zahlreiche junge aufstrebende Industrielle kennenlernen ließ – aus heutiger Perspektive fühlt man sich unwillkürlich an die Startup-Szene der frühen Internetunternehmen erinnert sowie an die vernetzten Karrieren, die diese Gründerzeit hervorbrachte.

Für Byers lief es ähnlich wie für manchen Dotcom-Angestellten: Er sammelte Know-how in einer jungen Industrie, in der auch ein Quereinsteiger und einer, der sich hocharbeitete, noch seine Chance hatte. Als Byers Mitte des 19. Jahrhunderts begann, sein eigenes Stahlimperium aufzubauen, engagierte er sich als Partner längst auch in den Unternehmen guter Kollegen wie George Westinghouse, für den er in drei seiner Firmen als Geschäftsführer gearbeitet hatte – in zukunftsträchtigen Technologiefeldern wie Elektrizität, Telegrafie und der Bremsenentwicklung für die sich rapide verbreitende Eisenbahn. Parallel dazu streckte er seine Fühler in Richtung Finanzwelt aus.

Eben McBurney Byers war eines von fünf Kindern dieses Selfmade-Stahlmagnaten – und 20 Jahre jung, als der Vater im September 1900 überraschend starb.

Von Byers vier Söhnen lebten zu diesem Zeitpunkt nur noch zwei. Als kommende Köpfe der zahlreichen Byers-Firmen kamen also nur noch die Söhne Eben und J. Frederick in Betracht.

Man kann sich vorstellen, was das bedeutet haben muss: Byers hatte zu diesem Zeitpunkt die renommierte St. Paul's School in Concord, New Hampshire, die das *Wall Street Journal* bis heute in ihrer Liste der 50 weltweit besten Schulen führt, erfolgreich absolviert und studierte nun im benachbarten Yale. Zum Gentleman geformt, brillierte er zunächst beim Golf. Über zweieinhalb Jahrzehnte galt der als gewinnversessen und cholerisch berüchtigte

Eben Byers als einer der besten Spieler der USA. 1902 und 1903 verpasste er nur knapp den Meistertitel der US-Amateure, den er 1906 schließlich holte.

Byers war damals also eine begehrte Partie, dem auch Partys alles andere als fremd waren: Er hatte sich einen Ruf als Lebemann, als reicher Playboy erarbeitet. Man hätte eine Karriere als »hauptberuflich Sohn« von ihm erwarten können, doch Byers bekam in Sachen Karriere durchaus die Kurve: Er ließ sich von der Familie in die Pflicht nehmen und trat in die Fußstapfen seines Vaters. Zehn Jahre nach dessen Tod führte der immer noch golfende Partylöwe und Junggeselle nicht nur die Geschäfte der vom Vater übernommenen Stammfirma A.M. Byers, sondern auch einer Kokerei und die Bank of Pittsburgh. Sein Bruder J. Frederick hatte die Führung der restlichen Unternehmen des Vaters übernommen.

Golf blieb eine Passion, wurde aber keine Profession: Der frischgebackene Stahlfürst spielte als Amateur bis in die 1920er Jahre hinein auf hohem Niveau im Meisterschafts-Zirkus mit, ohne allerdings noch einmal den Titel zu holen. In die Annalen des Sports schrieb er sich ausgerechnet mit einer für ihn eher ärgerlichen, wenn nicht peinlichen Episode ein.

Bei den US-Amateurmeisterschaften 1916 begegnete Byers einem 14-jährigen Jungen, der mit einer Sondergenehmigung am Erwachsenenturnier teilnehmen durfte, weil er vielen als Golf-Wunderkind galt. Als er Eben M. Byers aus dem Turnier warf, zementierte dieser Robert Tyre Jones Jr. seinen Ruf. In späteren Jahren sollte er schlicht Bobby Jones genannt werden, und ihm verdankt Byers trotz seines spektakulären späteren Schicksals die bisher einzige Darstellung seiner Person in einem Kinofilm.

Es ist die legendäre Szene seines Wettstreits mit Jones bei den Amateurmeisterschaften 1916. Der 2004 gedrehte Golffilm *Bobby Jones: A Stroke of Genius* stellt sie folgendermaßen dar: Byers geht zunächst mit Eloquenz und Arroganz zur Sache, um am Ende vom pubertierenden Bobby geschlagen zu werden und einen Driver wutentbrannt über die Köpfe des staunenden Publikums in den Wald zu werfen. Zu dem Zeitpunkt ahnte niemand, dass aus dem 14-Jährigen, der gerade einen der berühmtesten Spieler der USA entzaubert hatte, einmal einer der bis heute erfolgreichsten Golfer aller Zeiten werden sollte.

Für Byers war es der Moment, von dem an er nach und nach aus den Sportspalten der Zeitungen verschwand. Mitte der 1920er Jahre bezogen sich die meisten Erwähnungen seiner Person darauf, dass »der ehemalige Champion« einst vom jugendlichen Bobby Jones aus der Meisterschaft geprügelt worden war – eine eigentümliche Form des Nachruhms, die ihn kaum erfreut haben dürfte.

Auch seine Unternehmen veränderten sich, manche fusionierte er mit anderen, andere verkaufte er. Seinem weiterhin ausschweifenden Society-Leben ging Byers bald eher von seinem Wohnsitz auf Long Island im Staat New York aus nach. Nun waren es die Klatschspalten der New Yorker Presse, in denen Byers vornehmlich auftauchte. Es sollte bis 1932 dauern, bis die Öffentlichkeit sich wieder wirklich für ihn interessierte – und zwar weltweit: Byers schrieb seinen Namen weder als Industrieller noch als Society-Star oder Golfer in die Geschichtsbücher ein, sondern aufgrund seines beispiellos grausamen Todes.

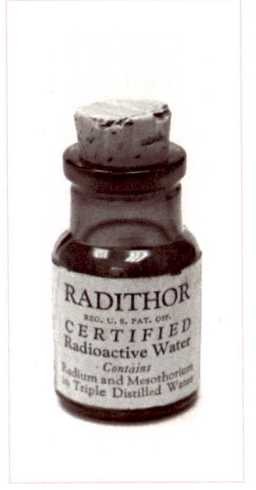

Fünf Jahre zuvor besuchte Byers mit Freunden The Game, den traditionellen, seit 1875 veranstalteten Football-Wettstreit zwischen den Universitätsmannschaften Harvard Crimson und Yale Bulldogs. Es muss ein launiger Trip für die alten Herren gewesen sein:

Am 19. November 1927 gewann Yale auswärts bei Harvard. Angereist kam man per Zug, es war keine wirklich lange Reise: Rund 230 Kilometer liegen zwischen Cambridge, Massachusetts (Harvard) und New Haven, Connecticut (Yale). Eben M. Byers, dem auch im Alter von 46 Jahren nachgesagt wurde, keinen guten Tropfen auszulassen, verbrachte sie zumindest teilweise liegend. Er fiel aus einem Hochbett in einem Pullman-Schlafabteil und verletzte sich den Arm.

Und das offenbar erheblich. Von da an litt Byers unter Schmerzen, die nicht zurückgehen wollten. Sein Arzt Dr. C. C. Moyar, an den er sich eigentlich gewandt hatte, um eine Elektrotherapie zu bekommen, verschrieb ihm eine Tinktur, mit der er beste Erfahrungen gemacht habe und die zu den eigentümlichsten Medikamentenmarken ihrer Zeit gehörte: Allein zwischen 1925 und 1930 verkaufte sich die von dem Studienabbrecher, selbst ernannten Doktor, Quacksalber und späteren IBM-Manager William John Aloysius Bailey entwickelte Kult-Mixtur Radithor rund 400.000 Mal. Ein Jahr vor Byers Tod sollen die Verkäufe allein in den USA rund 180.000 Flaschen erreicht haben. Bemerkenswert ist das vor allem, weil Radithor außergewöhnlich teuer war. Neben Wasser bestand es aus dem in minimalen Dosen beigemischten, damals teuersten Element der Erde: Radium.

Bereits 1918 hatte William Bailey damit begonnen, mit Radium 226 und 228 versetzte Tinkturen als Heilmittel für so ziemlich jedes Leiden zu vermarkten. Radithor sollte ihn schließlich reich machen, sehr reich. Er verkaufte die strahlende Brühe in kleinen Fläschchen, die jeweils als Tagesdosis gedacht waren und die private Patienten nur kastenweise kaufen konnten – zu einem Preis, der die finanziellen Möglichkeiten eines normalen Arbeiters deutlich überstieg. 30 Dollar verlangte Bailey für 28 Fläschchen, rund die Hälfte eines durchschnittlichen Monatsgehalts. Dieser Preis verstärkte die kostbare Aura der Tinktur noch zusätzlich.

Kostbar war Radithor dabei vor allem für Bailey: Die Tinktur bestand aus destilliertem Wasser und radioaktiven Isotopen im Wert von circa 7 Dollar pro Kasten, was beachtliche 23 Dollar Gewinn einbrachte. Bailey setzte große Mengen per Zeitungsannonce ab, den Rest brachten andere für ihn an den Mann – vor allem die Ärzte.

Denn die bekamen einen Preisnachlass von 5,10 Dollar pro Kasten, den sie in die eigene Tasche stecken konnten. Es dürfte die Begeisterung, mit der sie die Flüssigkeit ihren Patienten verabreichten, durchaus gefördert haben: Mit Radithor ließen sich höchst lukrative Geschäfte machen. Andererseits war auch auf Seiten vieler Mediziner die Naivität über mögliche schädliche Konsequenzen des Radium-Konsums kaum weniger ausgeprägt als bei deren Patienten. Auch Byers Hausarzt C. C. Moyar verteidigte die Radium-Tinkturen noch Jahre nach dem Tod seines Patienten und gab an, selbst eifriger Anwender gewesen zu sein.

Auch Byers ließ sich überzeugen – und mehr als das: Er war völlig hingerissen. Der quälende, längst chronische Schulterschmerz ging nach einer Weile tatsächlich zurück. Das Wundermittel, von seinem Erfinder als »Heilung für lebende Tote« und »Ewiger Sonnenschein« vermarktet, beförderte seine Befindlichkeit derart, dass er bald strahlend aussah und sich regelrecht verjüngt fühlte.

Mediziner erklären solche kurzfristigen Effekte auf radioaktive Isotope als eine Art Aufbäumen des permanent herausgeforderten, das heißt gereizten Immunsystems. Weil Radium sich im Körper aber ähnlich verhält wie Calcium und dieses im Gewebe ersetzen kann, reichert es sich vor allem in den Knochen an. Byers, fest überzeugt, eine Art Jungbrunnen entdeckt zu haben, hatte seine Dosis auf bis zu drei Flaschen am Tag erhöht. Was er nicht ahnte, war, dass sein Skelett schon nach relativ kurzer Zeit erhebliche Mengen Radium angesetzt hatte – mehr, als irgendjemand überleben kann.

# PER RADIOWELLEN ZUBEREITETER TOAST SCHMECKT NIE VERBRANNT, SELBST WENN ER SCHWARZ IST

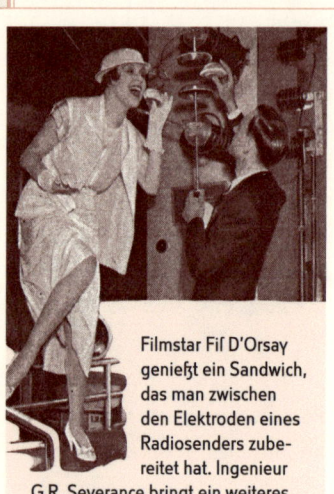

Filmstar Fifi D'Orsay genießt ein Sandwich, das man zwischen den Elektroden eines Radiosenders zubereitet hat. Ingenieur G.R. Severance bringt ein weiteres Sandwich in Position.

Kochen per Radiowelle ist der neueste Trick, den sich Radiotechniker ausgedacht haben. Wünschen die Angestellten einer Sendeanlage einen heißen Mittags-Snack, müssen sie lediglich ihr Essen zwischen die Elektroden eines Senders platzieren. In wenigen Augenblicken ist es perfekt gegart. Brot lässt sich in sechs Sekunden toasten, während Kartoffeln oder ein Steak mehrere Minuten brauchen. Seltsamerweise hat Nahrung, die mit dem Sender zu lange gekocht wurde, keinen verbrannten Geschmack.

Auf diese Weise kann man Toast verbrennen, bis er schwarz wird, ohne dass er in irgendeiner Hinsicht anders schmeckte als die Art Toast, die ein Koch mit Stolz servieren würde. Die Ingenieure sind sich unsicher, warum das so ist, gehen aber davon aus, dass es daran liegt, dass das Garen durch die elektrische Entladung stattfindet, während die Elektroden selbst sich nur schwach erwärmen.

*Modern Mechanics*, Dezember 1933

Bis zu der Erkenntnis, dass er sich zu Tode hatte therapieren lassen, sollten rund drei Jahre vergehen. In dieser Zeit, sagte Byers am 10. September 1931 gegenüber einer Untersuchungskommission der amerikanischen Federal Trade Commission aus, habe er schätzungsweise 1.400 Radithor-Flaschen zu sich genommen. Das Protokoll wurde in Byers Haus auf Long Island aufgenommen, denn längst war der Körper des einstigen Sportlers so vom Krebs zerfressen, dass er sich nirgendwo mehr hinbewegte.

Byers Aussage schockierte die Öffentlichkeit in erheblichem Maße. Radioaktive Zusätze in diversen Lebensmitteln, Kosmetika und Medikamenten gehörten seit rund zwei Jahrzehnten zum Alltag. Wer es sich leisten konnte, warf radiumversetzte Genussmittel ein, therapierte seinen Schnupfen mit Strahlung oder produzierte herrlich prickelndes Radonwasser als sommerliche Erfrischung. Aus Deutschland exportierte eine Edel-Schokoladenfabrik die höchst erfolgreiche radioaktive Gesundheits-Schokolade in die ganze Welt. Das sollte jetzt auf einmal alles falsch sein?

Nur wenige Jahre zuvor hatte das US-Gesundheitsministerium die Hersteller von Radonwasser-Aufbereitern noch unter Druck gesetzt, weil diese mit ihren Blubbergefäßen produzierten Radonwässerchen nicht genügend Radioaktivität produzierten, um als medizinisch wirksam vermarktet werden zu dürfen. In der Folge gingen die Entwickler bis ans Äußerste, um die vorgegebenen Radioaktivitätswerte zu erreichen: Wer unter den Grenzwerten blieb, konnte seine Prickelwässerchen allenfalls als Erfrischungsgetränk anpreisen. Nur was wirklich strahlte, galt als Heilwasser. Der Fall Byers war eine echte Kehrtwende – und eine, auf die die Federal Trade Commission bereits gewartet hatte.

Denn natürlich war es längst nicht mehr neu, dass Radioaktivität schädliche Nebenwirkungen hatte. Die gesetzliche Einstufung von Uran, Radium und anderen radioaktiven Metallen und Mineralien als natürliche Rohstoffe verhinderte jedoch, dass die Nahrungsmittel- und Arzneiaufsicht tätig werden konnte: Die FDC und die erst wenige Jahre zuvor gegründete Food and Drug Administration (FDA) erkannten, dass der Fall Byers hier den Wandel bringen könnte. Zahlreiche Verdachtsfälle hatten nicht ausgereicht, aber das grausame Siechtum eines Prominenten brachte die nötige Presse, um auf den Ende 1930 verhängten vorläufigen Verkaufsstopp von Radithor die Ächtung sämtlicher radioaktiver Genussmittel und Medikamente folgen zu lassen.

Eben M. Byers starb am 31. März 1932. Noch erfuhr die Öffentlichkeit nicht, wie furchtbar die letzten Tage des Multimillionärs gewesen sein müssen: Ober- und Unterkiefer hatten sich im Wortsinn zersetzt und waren Tage vor seinem Tod chirurgisch entfernt worden.

Als er starb, standen die Ärzte für die Obduktion schon bereit. Sie hatten Schlimmes erwartet und fanden weit Schlimmeres. Teile des Schädels fehlten, weil sich der Knochen aufgelöst hatte, multiple Tumore hatten sich über den Körper verteilt. Der Körper selbst strahlte derart heftig, dass er kurz darauf in einem Bleisarg beigesetzt werden musste. Eine Exhumierung 60 Jahre später zeigte, dass er es geschafft hatte, sich das Dreifache der tödlichen Radiumdosis zuzuführen, bevor sein Körper aufgab.

Bereits am 1. April 1932 hagelte es Schlagzeilen. Die *Pittsburgh Press* teilte ihre Titelseite zwischen der zehnten gescheiterten Geldübergabe im Fall des entführten Lindbergh-Babys und Byers Tod auf. Die obduzierenden Ärzte erklärten Radithor unzweifelhaft zur Ursache für Byers Leiden, die FDC kündigte umgehend die Einleitung eines Verbotsverfahrens gegen alle vergleichbaren Mittel an.

Radithor selbst musste nicht mehr vom Markt genommen werden. Der clevere Kurpfuscher William J.A. Bailey hatte die Herstellung bereits ein Jahr zuvor gestoppt, als die Untersuchung des Falls Byers begann. Sicherheitshalber überstellte man Bailey trotzdem noch eine Unterlassungserklärung, die Produktion nicht mehr aufzunehmen.

Allein Byers Hausarzt wehrte sich noch wacker: Sein Patient sei nicht an Radiumvergiftung gestorben, behauptete er, sondern an den Nebenwirkungen einer durch eine Blutkrankheit verursachten Gicht, verstärkt durch Alkoholmissbrauch. Über 100 Patienten habe er Radithor verabreicht, und allen gehe es prächtig.

Es nützte nichts. Die Totenglocke für Radithor läutete, als das *Wall Street Journal* den ganzen Zynismus der Vorgänge um Byers Tod in eine genial makabre Schlagzeile goss: »Das Radium-Wasser wirkte prima, bis sein Kiefer abfiel« (»The Radium Water Worked Fine until His Jaw Came Off«).

Augenblicklich schlug die öffentliche Meinung um. In den Folgemonaten entdeckte man immer mehr Radiumvergiftungen, auch Patienten des radiumbegeisterten Dr. Moyar waren darunter. Die Angst ging um, denn für rund 30 Jahre hatte jeder Radium konsumiert, der es sich leisten konnte. Über Wochen hielt die New Yorker Presse die Öffentlichkeit über den Gesundheitszustand des Bürgermeisters der Stadt auf dem Laufenden, der sich am Tag nach Byers Tod als Radithor-Fan outete – und sich schnell als massiv verstrahlt erwies.

William J.A. Bailey selbst, den Radithor reich gemacht hatte, hat man nie angeklagt. Seine Radithor-Manufaktur wurde geschlossen, Nahrungsmittel und Medikamente, die radioaktive Isotope enthielten, verboten – nicht jedoch strahlende Accessoires wie radioaktive Potenzgürtel oder Wasseraufbereiter, die Radonwasser mit kurzer Halbwertszeit produzierten. Auf deren Produktion verlegte sich Bailey nun. Er starb 1949 als reicher Mann.

In Europa, wo mit der FDA oder FDC vergleichbare Institutionen in der Regel erst nach dem Zweiten Weltkrieg aufkamen, sollte ein Verbot von Genussmitteln, die radioaktive Bestandteile enthielten, in manchen Ländern noch über 20 Jahre auf sich warten lassen.

## Das Tricho-System: Haar weg, Haut auch

»Trial and Error« nennt man im Englischen die Methode, auszuprobieren, ob etwas funktioniert, und dann aus den Fehlern zu lernen. Kaum eine im späten 19. Jahrhundert erfundene Technologie wurde in so großem Maße durch »Trial and Error« erforscht wie die Röntgenstrahlung. Dazu zählen die Leidensgeschichten der Röntgenpioniere, nicht zuletzt aber auch die – aus heutiger Sicht klar erkennbaren – Missbräuche der neuen Technologie.

Der erschreckendste, über 50 Jahre praktizierte Missbrauch ist dabei der wohl am wenigsten verzeihliche. Seine Vorgeschichte begann bereits wenige Wochen nach Röntgens Entdeckung: Überall, wo Forscher sich mit Röntgenstrahlung befassten, wurde von Nebeneffekten berichtet, die an Hautverbrennungen erinnerten – und oft mit teils massivem Haarverlust einhergingen.

Der Fall von Herbert Hawks ist exemplarisch. Hawks war Student und Assistent des amerikanischen Röntgenpioniers Michael Pupin an der Columbia University. Jener hatte bereits im Frühsommer 1896 damit begonnen, nicht nur diagnostische Röntgenbilder zu erstellen, sondern die Strahlung auch als Therapiemöglichkeit bei Hautkrankheiten und Krebs zu untersuchen.

Die ernsthaft-akademische Auseinandersetzung stand damals allerdings in keinem Widerspruch zu den höchst populären Anwendungen der Technologie. Pupins Assistent Hawks wurde zu einem frühen Röntgenopfer, als er im New Yorker Kaufhaus Bloomingdale Brothers die sensationellen neuen X-Strahlen öffentlich vorführte – Röntgenbilder waren eine höchst werbewirksame Sensation. Geoff Meggitt zitiert in seinem Buch *Taming the Rays* aus einem zeitgenössischen Bericht:

*Für vier Tage arbeitete Mr. Hawks während jedes Nachmittags und
Abends für jeweils zwei bis drei Stunden an seiner Apparatur. Am Ende
der vier Tage sah er sich durch die Effekte der X-Strahlen auf seinen
Körper genötigt, die aktive Arbeit daran einzustellen. Das Erste, was
Mr. Hawks bemerkte, war eine Trockenheit der Haut, der er keine Aufmerksamkeit schenkte. Doch nach einer Weile wurde diese so schmerzhaft,
dass es nötig wurde, alle Tätigkeit einzustellen. Die Hände begannen an-
zuschwellen, ihre Haut nahm das Aussehen einer sehr schweren Sonnen-
verbrennung an. Nach zwei Wochen löste sich die Haut der Hände komplett ab. In besonderem Maße beeinträchtigt waren seine Knöchel, die zum
schmerzempfindlichsten Areal der Hand wurden. Zu den weiteren Effekten
zählten: das Wachstum der Fingernägel hörte auf und die Haare auf der
Haut, die den Strahlen ausgesetzt waren, fielen komplett aus, insbesondere im Gesicht und an der Seite des Kopfes. Auch die Brust war durch
die Kleidung hindurch verbrannt worden, die Verbrennungen erinnerten
an Sonnenbrand. Mr. Hawks Beeinträchtigungen waren so schwer, dass
er die Arbeit für zwei Wochen einstellen musste. Er nahm die Hilfe von
Ärzten in Anspruch, die ihn als Fall schwerer Verbrennung behandelten.*

Damit war Hawks zu einem der ersten Opfer großflächiger Verbrennungen durch die Bedienung eines Röntgengerätes geworden – das erste Opfer, das solche Symptome zeigte, war er aber beileibe nicht. Schon Anfang 1896 hatte es Berichte in der britischen
Fachpresse über Verbrennungen im Rahmen von Röntgenunter-
suchungen und -vorführungen gegeben. An der amerikanischen
Vanderbilt University hatte ein Proband Teile seiner Haare verloren und eine schwere Dermatitis entwickelt, nachdem man seinen
Kopf eine Stunde lang geröntgt hatte. Extrem lange Bestrahlungs-
zeiten waren in den Anfangstagen die Regel.

In Wien setzte dann der Arzt Leopold Freund Ende 1896 den Haare
vernichtenden Nebeneffekt der Strahlung erstmals bewusst und

gezielt für eine Therapie gegen das stark behaarte Rücken-Muttermal einer Fünfjährigen ein – mit durchschlagendem Erfolg, auch wenn nachher die behandelte Hautfläche lange Zeit stark nässte. Vom Erfolg ermutigt, wurde Freund ein Vorreiter der Röntgen-Enthaarungsmethode, die er weiter mit gutem Erfolg einsetzte. Was heute kaum zu glauben ist: Die meisten Fachleute gingen lange davon aus, dass die Verbrennungen nicht durch die Strahlung selbst verursacht worden seien, sondern eine unerwünschte Nebenwirkung der »elektrischen Effekte«.

Tricho-Werbung: Dependancen gab es außerhalb der USA auch in England, die Geräte wurden auch nach Frankreich und Deutschland verkauft

Trial and Error eben – und in diesem Fall sollte der Irrtum eine Weile anhalten. Als Ursache und Wirkung vermeintlich klar waren, arbeitete man daran, erwünschte und unerwünschte Nebeneffekte des Röntgens auszubalancieren. Und die Vernichtung unerwünschter Haare war natürlich etwas, das ganz besondere Aufmerksamkeit erregte – und Geschäftsleute auf den Plan rufen musste. Es gibt Hinweise darauf, dass Röntgengeräte nicht nur in ärztlichen Praxen, sondern auch in amerikanischen Schönheitssalons bereits 1910, möglicherweise auch schon vorher zur Enthaarung von Frauenbeinen und zur Vernichtung von Damenbärten eingesetzt wurden. Zum richtig großen Geschäft sollte dieser Wahnsinn aber erst ab etwa 1925 werden.

Der Unterschied zwischen obskuren Kuren irgendwelcher Kurpfuscher und weithin beachteten populären Anwendungen hat oft nur mit Markennamen, mit Normierung und Corporate Identity zu tun, mit Imagebildung also. Genau wie es ein Unterschied ist, ob man Frikadellen in Pappbrötchen packt und an der Straßenecke verkauft, oder ob man normierte Hamburger im Rahmen einer international aufgestellten Franchise-Kette vertreibt – imagetechnisch zumindest.

Zur zentralen Figur bei der Erhebung der Röntgen-Haarentfernung zum Massenphänomen sollte in den USA der seit Ende des 19. Jahrhunderts vor allem im Bereich der – höflich ausgedrückt – frei praktizierten Elektrotherapie erfolgreiche Albert C. Geyser werden.

Geyser, ein Einwanderer aus Deutschland, führte einen Doktortitel, der später von den amerikanischen Ärzteverbänden angezweifelt wurde, aber rechtmäßig erworben war. Ab 1908 begann er Patienten mit Hautkrankheiten mit Röntgenstrahlung zu behandeln, nach eigener Aussage waren es Tausende von ihnen. 1915 veröffentlichte er einen Artikel in einer Fachzeitschrift für Hautkrankheiten, in dem er die Vorzüge der Röntgentechnik bei der Behandlung solcher Leiden pries. Während Geyser der Ältere forschte, erprobte sein Sohn Frank die Hauttherapie per Röntgenstrahlung in eigener Praxis.

Es war Frank Roebling Geyser, der die Vakuum-Röntgenröhre entwickelte, die später in den Enthaarungsapparaten zum Einsatz kommen sollte. Frank Geyser beantragte die entsprechenden Patente in den USA, in Frankreich, Großbritannien und auch Deutschland.

Es klang unverfänglich: »Die Erfindung betrifft ein Vakuumrohr, in dem nach bekannter Weise Strahlen für die Behandlung von Hautkrankheiten erzeugt werden, z. B. Röntgenstrahlen, Lichtstrahlen, dessen eine Fläche unmittelbar mit der zu behandelnden Stelle in Berührung gebracht wird.«

Geyser hatte das Rad dafür nicht neu erfunden, seine Röhre stellte lediglich eine Verbesserung bestehender Konzepte dar. Das Neue daran: Die Röhre hatte eine rechteckige Form. So sollte man

# HÜHNCHEN SIND VERSTRAHLTE HÄHNCHEN

*Folgender Bericht der Nachrichtenagentur AP erschien am 1. Mai 1928 in zahlreichen US-Regionalzeitungen. Wortwahl und Bearbeitung zeigen, dass der Schreiber weder den Inhalt der wiedergegebenen Informationen noch deren Implikationen verstand. Was er aber sehr gut transportiert ist der generell völlig unkritische Optimismus, mit dem die Öffentlichkeit den meisten Errungenschaften der Wissenschaft damals begegnete.*

## X-STRAHLEN VERÄNDERN DAS GESCHLECHT

New York, 1. Mai – Die Behandlung befruchteter Eier mit Röntgenstrahlen, sodass nur weibliche Küken schlüpften, war nur eines der vielen Experimente, die Dr. William H. Dieffenbach vom Flower Hospital gestern erstmals der Associated Press vorstellte. Die Versuche, die über einen Zeitraum von mehr als drei Jahren stattfanden, brachten seiner Aussage nach ans Licht, dass Eier, die man X-Strahlen aussetzt, einige markante Seltsamkeiten entwickeln.

Bis zu einem bestimmten Grad produziert die Bestrahlung Hühner mit Deformationen oder Verstümmelungen von normalerweise vererbten Merkmalen, wie beispielsweise das Fehlen von Flügeln. In vielen Fällen, erklärte er, sind diese Mutationen vorteilhaft und tragen dazu bei, eine neue und verbesserte Spezies zu entwickeln. Dr. Dieffenbach und seine Partner am New York Homeopathic Medical College und Flower Hospital glauben, dass die Resultate der Experimente für die Wissenschaft von außerordentlichem Wert sind und zudem teilweise von großem Interesse für die allgemeine Öffentlichkeit sind.

Für den Wissenschaftler, glaubt Dr. Dieffenbach, stellen die Entdeckungen eindeutig das Versprechen dar, das ultimative Ziel der biologischen Wissenschaft erreichen zu können: das Verständnis von und die Kontrolle über die Kraft des Lebens selbst. Der Öffentlichkeit versprächen sie schon in näherer Zukunft größere Hühner, bessere und zahlreichere Eier.

Die überraschendsten Ergebnisse hatte man erreicht, indem man die Dosierung der X-Strahlen schrittweise erhöhte. Es war eine messbare Abweichung von der normalen Geschlechtsverteilung bei Hühnern festzustellen, und die Veränderung verlief ausnahmslos zugunsten weiblicher Tiere. In anderen Worten: Je länger die Eier in Reichweite der X-Strahlen blieben, desto größer wurde der Prozentsatz geschlüpfter Weibchen.

*P.S.: Nach einer Methode, das Geschlecht von Küken in Eiern kostengünstig zu beeinflussen, sucht die Geflügelindustrie bis heute. Der Dieffenbach-Ansatz mit seinen vorteilhaften flügellosen Mutanten hat sich wider Erwarten nicht durchsetzen können.*

Hühner und Hähne: Sind die Kleinen verstrahlte Formen der Großen?

sie Stück für Stück auf der Haut ansetzen können, ohne dass es durch Überlappungen zu Mehrfach-Bestrahlungen von Hautarealen kam. Das klang vernünftig, zumal Röntgenstrahlen tatsächlich zur Bekämpfung aller möglichen Krankheiten von Ekzemen bis Krebs eingesetzt wurden.

Mittelfristig aber sollte mehr daraus werden, und zwar auf einem erheblich spezielleren, kommerziell aussichtsreichen Gebiet: Geyser hatte einen Plan. Ab 1923 war seine Röntgenröhre fertig entwickelt, die er mit einer metallischen Beschichtung versah und offenbar fest glaubte, dass sie darum weitgehend unschädlich und für kosmetische Zwecke einsetzbar sei. In der Enthaarungs-Branche sah er eine finanzielle Zukunft, und er wusste, wie er es anstellen musste, mehr als einen Röntgen-Shop auf die Beine zu stellen: Sein »Tricho-System« bedurfte internationaler Anerkennung – am besten aus einem kultivierten Land in Übersee.

Der Aufstieg seiner seit 1924 aktiven New Yorker Röntgen-Haarentfernungs-Klitsche begann am 19. Oktober 1925 in Paris. Dort bekam sein selbst entwickeltes Tricho-System den Großen Preis der Paris Exposition Generale Commercial verliehen, was deutlich wichtiger klingt, als es war.

Industrieausstellungen waren seit Mitte des 19. Jahrhunderts allgegenwärtig, und viele der dort verliehenen Preise waren das Blech nicht wert, aus dem die Medaillen gestanzt wurden. Geysers großer Preis kam von einer Vermittlungsagentur in London und kostete 400 Dollar – eine Auszeichnung auf Bestellung, zu zahlen nach der Verleihung.

Das Investment zahlte sich aus. Geyser setzte auf ein Franchise-System, das die künftigen Betreiber seiner Tricho-Salons verpflichtete, seine Maschinen einzusetzen. Er ließ Röntgenschränke entwerfen, vor denen man bequem Platz nehmen konnte und die angeblich gezielt bestimmte Hautpartien bestrahlten. Gesicht,

Arme und Beine waren die Standards. Zum Paket für die Franchise-Partner gehörte auch die Einweisung in die Technik, wenn auch auf reichlich oberflächlicher Ebene.

War sich Geyser wirklich selbst nicht im Klaren, was er da tat, oder muss man ihm unterstellen, ein rücksichtsloser Krimineller gewesen zu sein? Dass sein System so narrensicher nicht wahr, muss ihm schnell klar geworden sein, denn beinahe sofort kletterten im Umfeld der aus dem Boden schießenden Tricho-Salons die Fallzahlen von Verbrennungen und Hauterkrankungen in die Höhe.

Und das war erst der Anfang. Ende der 1920er Jahre gab es Tricho-Salons in 75 amerikanischen Großstädten. In Großbritanniens Metropolen existierten 1926 mindestens sechs Dependancen, Geyser warb in Europa mit dem Versprechen, »bald Filialen in allen Großstädten des Kontinents« eröffnen zu wollen. Inwieweit ihm das gelang, ist schlecht dokumentiert. Man kann aber davon ausgehen, dass Haarentfernungs-Dienstleister nach dem Tricho-Muster Mitte der 1920er Jahre tatsächlich in allen größeren europäischen Ländern aktiv waren.

Sie konkurrierten längst mit anderen Ketten und großen regionalen Kosmetiksalons, die auf Röntgen-Enthaarungsapparate weder verzichten wollten noch konnten. Denn die Betreiber hatten eine weitere Nutzanwendung entdeckt, mit der sich neue Kundengruppen erschließen ließen: Mit hoch dosierter Röntgenstrahlung konnte man Haut bleichen, bis sie weiß war.

Wenige Jahre später begannen Anzeigen in der US-Presse zu erscheinen, die reichlich verklausuliert damit lockten, mit Strahlen den »dunklen Schatten« von der Haut nehmen zu können.

Werbeanzeige: Die Röntgenröhre direkt vor dem Gesicht

Im akademischen Bereich experimentierte man derweil weit offener damit, Schwarze weiß zu färben – denn natürlich ging es um nichts anderes.

Auch hier sind genaue Opferzahlen nicht bekannt, liegen aber definitiv weit unterhalb jener der Frauen, die X-Strahlen kosmetisch einsetzen ließen.

Denn die Popularität der Tricho-Salons und ihrer zahlreichen Konkurrenten war nicht mehr zu bremsen. Gern nannten sich diese Firmen »Laboratorium«, so wie heute unseriöse Klitschen gerne als »Institut« firmieren: Das Dunsworth konkurrierte mit den Marveau Laboratories, Cosmique und Hair-X mit dem Arnold Dermic Laboratories. Andere setzten auf hippe Namenskonstrukte wie Vi-Ro-Gen, Harmon Method oder Epilax-Ray. Dass ihnen allen spätestens ab 1929 die Untersuchungskommission der amerikanischen Ärztekammern im Nacken saß, sich dazu außerdem gerichtliche Klagen wegen erlittener Schäden häuften, konnte weder die Institute noch ihre Popularität bremsen. Vernunft ist kein gutes Argument, wenn es um Schönheit geht. Und warb nicht selbst eine der Schönsten der Schönen für die gute Tricho-Sache?

Starlet Ann Pennington:
Haarlos schön dank Tricho-System

Albert C. Geyser, dessen Tricho-Institut als größtes seiner Art nun immer öfter ins Visier der Staatsanwälte geriet, reagierte darauf mit konsequenter Imagewerbung. Ende der 1920er gelang es ihm, den Film- und Broadway-Star Ann Pennington, einen der Stars der populären Revuegirls der Ziegfeld Follies, als Werbe-Ikone zu gewinnen.

Er setzte sie für sogenannte Testimonials nach dem Muster »Ich schwöre auf ...« ein – Pennington distanzierte sich nie von dieser Arbeit oder der Tricho-Methode. Sie selbst sollte auch nie zu den Opfern zählen: Sie starb 1971 im Alter von 77 Jahren völlig verarmt in New York, war aber offenbar frei von Strahlenschäden.

Das konnte man von vielen ihrer Zeitgenossinnen leider nicht behaupten. Bereits seit 1929 sammelte die Untersuchungskommission der amerikanischen Ärzteschaft Fallschilderungen von Schädigungen. Berichte über Hautverfärbungen und schmerzhafte Veränderungen wurden bald durch Berichte über ernsthafte Krebserkrankungen ergänzt. Ärztliche Akten der Zeit dokumentieren teils erschütternde Krankheitsbilder: Vom Krebs zerfressene Gesichter, ohne Nasen, teilweise mit Amputationen, ohne Augen oder Ohren.

Aber wie sollte hier Ursache und Wirkung bewiesen werden? Hatten die Institute nicht ganz offizielle Genehmigungen, die sie als unbedenklich auswiesen?

Nicht wirklich: Einmal mehr machten sich die Strahlen-Gauner Lücken im US-Recht zunutze. In Europa hatten sie das nicht einmal nötig. In etlichen europäischen Ländern fehlte es bislang völlig an Gesetzen, die solche quasi-medizinischen Dienstleistungen regulierten.

In den USA funktionierte das Geschäft deshalb, weil Bein- und Gesichtsenthaarung als kosmetische Dienstleistungen galten, nicht als medizinische. Das US-Recht behandelte die Röntgen-Enthaarungs-Salons folglich nicht anders als Friseurläden.

Auch Strahlenschutzverordnungen waren noch nicht existent. Damit gab es kaum eine Handhabe, den Salons und selbststilisierten

Laboratorien den Betrieb zu verbieten, außer man wies im konkreten Fall Fehlverhalten und Schädigungen nach. In Deutschland und Österreich warnten Ärztekammern und Behörden erst ab etwa 1947 ganz offiziell vor solcher gefährlichen Röntgen-Kosmetik. Auch hier aber erfolgte zunächst kein direktes Verbot – das sollte sich erst später indirekt durch Strahlenschutzbestimmungen ergeben.

Dass Tricho und Konsorten ab Mitte des 20. Jahrhunderts langsam in der Versenkung verschwanden, war eher einem öffentlichen Erkenntnisprozess geschuldet. Die Atombombenabwürfe über Japan hatten klargemacht, dass die vermeintlich heilbringende Kraft der Strahlung – zwischen verschiedenen Arten Strahlung unterschied man oft kaum – eine mitunter tödliche Sache sein konnte.

Dazu kam, dass gerade Ärzte, die bei ihren verzweifelten Patientinnen Zeugen der Folgen von Röntgen-Enthaarung wurden, oft zu vehementen, öffentlich aktiven Gegnern dieser »Methode« wurden. Kein Wunder, denn spätestens ab Anfang der 1930er Jahre begannen sich sogar die Todesfälle zu häufen. In statistisch relevanter, kaum mehr zu übersehender Zahl traten diese jedoch erst als Spätfolgen der Behandlung auf, zehn Jahre und länger nach der eigentlichen Schädigung.

Zu den Ärzten, die wann immer möglich die Trommel gegen die Röntgen-Stümper rührten, gehörte Donald Ernest Howell Cleveland aus Vancouver, der akribisch Krebsfälle dokumentierte, die seiner Meinung nach durch Röntgen-Enthaarung verursacht worden waren. 1931 gelang es ihm, eine Filiale der Marton Laboratories in Vancouver durch konsequente Offenlegung der Strukturen derart unter Druck zu setzen, dass die Firma bald aufgab – scheinbar zumindest. Sie wurde von einer anderen Firma aufgekauft, die da weitermachte, wo Marton aufgehört hatte. Auch sie zog sich aber bald durch den von Cleveland angeheizten Druck aus dem Röntgen-Enthaarungs-Geschäft zurück, um einer Schließung durch die

Behörden zuvorzukommen. Unglücklicherweise blieb Clevelands Erfolg auf die Region beschränkt.

Bemerkenswert ist, was er durch die Befragung der Betreiber des Marton-Shops in Vancouver über die Strukturen dieser ach so wissenschaftlichen Branche zutage förderte. Die Betreiberin, schilderte er in einem 1931 veröffentlichten ersten Aufsatz zum Thema, hatte offenbar keinen blassen Dunst davon, was sie eigentlich tat. Auf die entsprechende Frage hin erzählte sie, die Röntgentechnik habe sie als Zahnarzthelferin in Neuseeland erlernt. Des Weiteren, dass sie dort zwar die Apparate erstmals sah, mit der Bedienung aber nichts zu tun hatte.

Doch dafür hatte sie ihre Ausbildung im Laboratorium des Franchise-Ketten-Betreibers Jules Marcel Marton erhalten – wenn man so will: Das *Marton-Labor*, das sie in Vancouver leitete, hatte seinen Sitz ursprünglich in einem Hotelzimmer gehabt, wo eine US-Amerikanerin gegen Bezahlung Frauen enthaarte. Die Ausbildung lief nach dem Prinzip »Learning on the Job« ab: Nach zwei, drei Monaten, in denen die Frauen gemeinsam arbeiteten, verhökerte die ursprüngliche Betreiberin das Equipment an die von Cleveland befragte neue Laboratoriumsleiterin und verschwand auf Nimmerwiedersehen. Ab da war die frisch angelernte neue Betreiberin selbst das Marton-Labor.

Auf die oben geschilderte Weise offenbar hinreichend geschult, war sie nun in der Lage, selbst Detailfragen wie die nach der applizierten Strahlungsintensität klar zu beantworten: »Vier«, gab sie zur Auskunft – was auch immer das heißen mochte.

»Vier« war die Stufe am Wählschalter des Apparats, auf den sie diesen stellen sollte, damit die Haare zuverlässig ausfielen. Clevelands Bericht schlug ein wie eine Bombe.

Mit diesem Protokoll gelang es ihm, eine einstweilige Verfügung gegen den Betrieb des sogenannten Marton-Labors zu erwirken.

Es wurde bald aufgekauft und zog um. Das Übel in Vancouver, berichtete Cleveland Jahre später in einem 1948 veröffentlichten Artikel, war damit zwar eingedämmt, aber nicht beendet. Immer wieder tauchten die Bein-Enthaarer auf, unter ständig neuen Namen.

Dieses Muster, das sich in Clevelands sehr persönlichem Kampf gegen die Frauen-Verstrahler zeigte, sollte sich an etlichen Orten wiederholen. Wo Druck aufkam, verschwanden die Salons – nur um unter neuen Namen, mit angeblich modifizierten Methoden, wieder aufzutauchen. Noch 1950 schaltete das obskure Laboratorium Virogen Anzeigen für seine Strahlen-Enthaarung in US-Zeitungen. Es dauerte lange, bis sich die Erkenntnis durchsetzte, dass man sich mit dieser Form der Kosmetik keinen Gefallen tat – auch deshalb, weil der ganze Schaden, den das Wirken der Röntgen-Enthaarer verursacht hatte, erst in den 1950er-Jahren klar wurde.

Anfangs war man davon ausgegangen, dass in etwa einem Prozent der Fälle Krebserkrankungen zu erwarten seien. Jetzt wurden Studien publiziert, die nachwiesen, dass bei manchen Instituten die Krebsrate ehemaliger Kundinnen erheblich höher lag. Weil die Art der Hautschädigungen und Krebserkrankungen so sehr den Strahlenopfern von Japan glich, bekam das Syndrom einen makabren Namen: »North American Hiroshima Babes«.

Mehrere Studien wiesen in den folgenden Jahrzehnten nach, dass der so taktlose Name in gewisser Hinsicht passend gewählt war: Die Quote der Strahlenschädigungen, Krebserkrankungen und Todesfälle bewegte sich auf ähnlichem Niveau wie bei den japanischen Atombomben-Überlebenden. Doch das Wissen darüber, wie schädlich die Technik tatsächlich war, hatte sich viel zu langsam verbreitet. Bis in die 1950er Jahre wurden Röntgenstrahlen eingesetzt, um beispielsweise die Köpfe von Kindern in Flüchtlingslagern von Läusen zu befreien. Dokumentiert ist das beispielsweise für Einwanderer in Israel.

In den 1970er Jahren schätzten die amerikanischen Gesundheitsbehörden, dass über 70 Prozent aller durch Strahlenschäden verursachten Hautkrebserkrankungen in den USA auf die Enthaarungsstudios zurückgingen, die von 1920 bis etwa 1950 aktiv waren. Ab etwa 1940 geschah das in den meisten US-Bundesstaaten illegal und ohne Genehmigung, denn am Ende siegte in gewisser Hinsicht das Verbot.

Im September 1940 veröffentlichte die amerikanische Standardisierungsbehörde ein Regelwerk, das tägliche Strahlungshöchstmengen für Patienten wie auch Röntgen-Operatoren festsetzte, sowie Schutz- und Abschirmungsmaßnahmen verbindlich vorschrieb. In aller Regel kam das einem Betriebsverbot für die Enthaarungsstudios gleich. Sie sollten sich noch einige Jahre als »Hinterhof-Business« halten, bevor sie ab Ende der 1940er weltweit verschwanden. Röntgen-Enthaarung wird heute nur noch in Ausnahmefällen, sorgfältig dosiert und überwacht im medizinischen Kontext, eingesetzt. Und in Deutschland? Das *Brockhaus Gesundheitslexikon* drückt es folgendermaßen aus: »Die Enthaarung mit Röntgenstrahlen ist veraltet, sie wird wegen ihrer Nebenwirkungen nicht mehr angewendet.«

Für Albert C. Geyser, der mit seinem Tricho-System zeitweilig reich geworden war, ging die Geschichte nicht gut aus, obwohl er nie formal bestraft oder verurteilt wurde. Auch Geyser selbst zahlte am Ende den Preis, den so viele Röntgen-Operateure und eben auch -Pfuscher der frühen Jahre zahlten: Der Krebs zerfraß wenige Jahre nach Gründung seines Tricho-Unternehmens erst seine linke Hand, die bis zum Armgelenk amputiert werden musste. Später verlor er auch die rechte Hand, nachdem sich dort ebenfalls Tumore auszubreiten begannen. Ein Schicksal, das er mit Zigtausenden teilte, die er mit seinem Tricho-System geschädigt hatte. Dazu kamen Hunderttausende mit irreparablen, oft schmerzhaften Hautschädigungen – und US-Schätzungen zufolge möglicherweise bis zu 20.000 Toten allein in den USA.

## Durchsichtige Füße

»Hm, ja, sehen Sie mal«, sagte die nette Verkäuferin, »das passt doch schon ganz gut.« - »Das drückt aber!«, meckerte ich, und die Verkäuferin legte mir die Hand auf den Kopf. »Die musst du doch noch einlaufen!«, war ihre Antwort.

Während Mama in eines der zwei Okulare des Apparates starrte, musste ich stillhalten. »Ich will auch mal!«, quengelte ich dann, und wenn ich lieb war, durfte ich: Gerade so eben konnte ich oben hineinsehen und unten mein Körperinneres entdecken. Ich musste dazu schnell auf das Podest neben dem Apparat klettern und von der Seite durch das an das Periskop eines U-Boots erinnernde Okular auf das nur noch kurz nachleuchtende Bild sehen. Manchmal hob mich Mama auch einfach hoch, das machte die Sache einfacher. Am allereinfachsten war es, wenn niemand aufpasste: Dann durchleuchteten wir Kinder unsere Füße einfach abwechselnd.

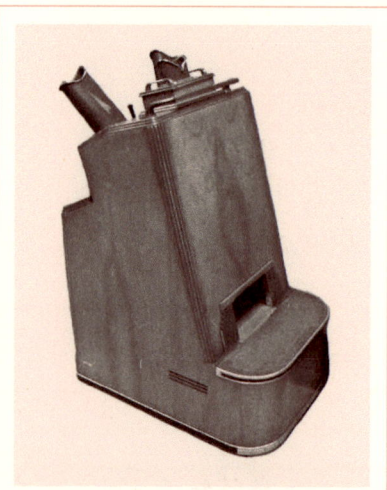

Ein »Schuh-Fluoroskop«. Mit dem Röntgen von beschuhten Kinderfüßen ließ sich zwischen 1920 und 1970 jede Menge Geld verdienen.

Filigran und weißlich-blass auf Bläulich-Grau zeichnete sich dort der Kinderfuß im ledernen Gefängnis eines neuen Schuhs ab. Die Knochen im Inneren sah ich schattenhaft grau, aber deutlich. Ein kleines Wunder, das nicht aufhören wollte, mich und alle anderen Kinder zu faszinieren. Wenn man uns ließ oder niemand aufpasste, »zappten« wir unsere Füße so oft wie nur möglich. Ich erinnere mich, dass es dabei so etwas wie ein Klacken gab. Nicht besonders laut, aber laut genug, dass uns die Verkäuferinnen bemerkten und aus dem Laden scheuchten, wenn wir ohne Mutti und nur zum Füße röntgen gekommen waren. Ein großer Spaß!

Auch unsere Eltern wussten die Vorzüge dieser tollen Technologie zu schätzen. Wir Kinder quengelten nicht mehr, weil die Verkäuferin an unseren Zehen herumdrückte, sondern untersuchten die Eignung der neuen Schuhe einfach selbst, aus eigenem Antrieb und mit Begeisterung. Mama wiederum brauchte dem Urteil der Verkäuferin, die doch sicher so oft wie möglich einen Schuh verkaufen wollte und die Dinger darum vermutlich stets ein wenig zu knapp geschnitten empfahl, nicht mehr einfach vertrauen: Sie hatte nun selbst den absoluten Durchblick. »Ne, den nehmen wir nicht«, sagte Mama dann bestimmt. »Er soll ja auch was davon haben!«

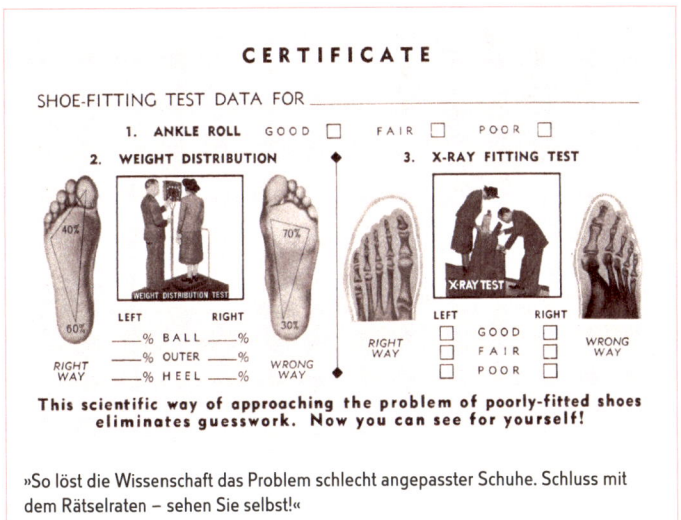

»So löst die Wissenschaft das Problem schlecht angepasster Schuhe. Schluss mit dem Rätselraten – sehen Sie selbst!«

Was die Kinder zwischen circa 1920 und 1970 von dieser Art der Verkaufsberatung hatten, ist bis heute nicht wirklich erfasst. Wer bis 1965 geboren wurde, hatte gute (wenn man das so nennen will) Chancen, in besseren Schuhgeschäften noch bewusst ein »Schuh-Fluoroskop« in Aktion erleben zu dürfen.

Die Geräte waren anfangs gar nicht und später nur unzureichend abgeschirmt. Sie waren schon deshalb echte »Strahler« – dazu kamen gerade in den frühen Geräten völlig überdimensionierte Röntgenröhren. Bis in die 1950er Jahre hinein verfügten die meisten Geräte über einen Wählschalter, über den sich auch ein etwas länger sichtbares Bild einstellen ließ. 5 Sekunden waren die Mindest-Bestrahlungszeit, 15 bis 20 Sekunden ein verbreiteter Standard, und bis zu 45 Sekunden waren möglich. So konnte man das Bild von Nachwuchs' Füßchen in aller Ruhe studieren.

Die dabei verabreichten Strahlendosen lagen pro Minute mehr als zehn Mal über der zulässigen Dosis, die man medizinisch-technischem Personal heute pro Jahr zumutet: Mehr als 20 Millisievert pro Jahr soll ein mit Strahlengeräten arbeitender Profi heute nicht abbekommen – die Schuh-Durchleuchtungsgeräte emittierten satte 200 bis 750 Millisievert pro Minute. Das ist mehr, als etwa Aufräumarbeitern im havarierten Atomkraftwerk Fukushima zugemutet wurde (wobei es dort natürlich um ganz andere Formen von Strahlung ging, die zudem den gesamten Körper betrafen und nicht nur die Füße). Dass die Schuh-Fluoroskope ein höchst gefährlicher Irrweg der Röntgennutzung waren, bei dem Experten bis heute ein Schauder über den Rücken läuft, ist trotzdem unbestritten: Rückblickend gelten sie als einer der absurden Blinden Flecke für die Risiken neuer Technologien. Verwunderlich, wenn man bedenkt, wie schnell man doch auf die mitunter tödlichen Gefahren von Röntgen-Überdosierungen aufmerksam geworden war.

Belastbare Studien darüber, ob und in welchem Maße das Röntgen-Bombardement im Schuhladen Verbrennungen, Leukämie oder Krebsgeschwüre verursachte, gibt es nicht. Dass so etwas passierte, ist aber wahrscheinlich. Zumindest auf Verkäuferseite – die Damen wurden schließlich fast ganztägig bestrahlt, wenn auch meist auf Distanz – sind Fälle von Verbrennungen, Dermatitis und anderen Schädigungen dokumentiert. In einem Fall wird eine Armamputation in den USA auf den Umgang mit dem Gerät zurückgeführt: Da ergänzte eine Verkäuferin ihre röntgengestützte Beratung offenbar häufig durch den klassischen Zehendrück-Test – bei laufendem Gerät.

Als die Schädlichkeit der Apparate schließlich erkannt wurde, kam es sehr schnell zu Verboten, per landesweitem Gesetz zumindest in den USA, wo sie in den 1960er Jahren aus den Läden verschwanden. In Europa dauerte das länger. Ab Ende der 1960er gab es zwar Empfehlungen, die Maschinen außer Betrieb zu nehmen, verschwunden sind die meisten aber erst in den frühen 1970er Jahren. In der Schweiz soll ein übersehenes Schuh-Fluoroskop sogar bis 1989 regulär eingesetzt worden sein, und bis heute findet man im Antiquitätenhandel mitunter noch funktionierende Geräte.

Bis zu seinem leisen Abgang aber gehörte das Schuh-Fluoroskop zu den im Wortsinn populärsten Anwendungen der Röntgenstrahlung überhaupt – hart an der Grenze zwischen Nutzanwendung und Unterhaltungselektronik. Denn populär wurden sie nicht, weil sie nötig waren, sondern vor allem, weil sie Spaß machten.

Die Durchleuchtung von Schuhen – zunächst, um Nägel darin zu finden, die Schmerzen verursachen könnten – gehörte zu den frühesten Ideen für Nutzanwendungen jenseits der Medizin, nachdem Wilhelm Conrad Röntgen 1895 die nach ihm benannte Röntgenstrahlung entdeckte.

Es ist wahrscheinlich, dass bereits kurz nach 1910 erste, von Tüftlern zusammengeschusterte Röntgen-Fluoroskope dazu benutzt wurden, Schuhe sowohl auf Fabrikationsfehler als auch auf ihre Passform hin zu prüfen – völlig ohne Schutzmaßnahmen, wie das zu dieser Zeit so üblich war. Wirklich dokumentieren lässt sich die Geschichte des Schuh-Fluoroskops letztlich nur anhand der Patente, die dafür beantragt worden sind.

Die typische Bauform des Schuh-Fluoroskops oder Pedoskops, wie es in England und im deutschsprachigen Raum oft genannt wurde, entstand wohl 1919. Die Grundkonstruktion mit ihrer Plattform, auf die man sich stellte, unten einen Fuß in die Maschine steckte und oben durch ein oder mehrere Okulare auf eine Fluoreszenzplatte sah, auf der sich kurzzeitig das Röntgenbild abzeichnete, war ein Idee, die quasi in der Luft lag: Sie wurde an etlichen Orten mehr oder minder zeitgleich erfunden, variiert und patentiert. Allein in den USA vergaben die Behörden eine ganze Reihe von Patenten, die sich nur in Details unterschieden.

Geht man rein nach Patentanträgen, wäre der Erfinder des Schuh- und Füße-Röntgens der amerikanische Arzt Jacob Lowe. Er will das Schuh-Fluoroskop 1917/1918 erfunden haben, um damit als Feldarzt im Ersten Weltkrieg die Füße von Soldaten, die durch Minen oder Schüsse verletzt worden waren, sofort überprüfen zu können, ohne ihnen erst das Leder von den Füßen schneiden zu müssen.

Der findige Mediziner erkannte sofort, dass sich solch eine Untersuchung auch für nicht kaputte Füße anbot. Einen entsprechenden Patentantrag für sein »Foot-O-Scope« reichte er bereits im Februar 1919 ein. Seine Maschine unterschied sich von späteren Umsetzungen vor allem durch die andersartige Anordnung der Baugruppen: Klobig fiel bei ihm vor allem das Podest aus, auf das man steigen musste. Wie bei jedem Fluoroskop liegt die Quelle der Röntgenstrahlung auch beim Pedoskop hinter dem zu untersuchenden Objekt. Man muss also quasi auf der Röntgenröhre stehen, damit deren Strahlung durch den Fuß auf die mit dem fluoreszierenden Material beschichtete Platte fallen kann. Während spätere Designs die Elektronik in den Korpus des Fluoroskops verlegten, steckte bei Lowe noch alles im Podest, welches entsprechend hoch ausfiel. Ansonsten aber definierte Lowes Entwurf grundsätzlich alle Schuh-Fluoroskope, die für die nächsten 50 Jahre gebaut werden sollten. Allein in den USA sollen in den frühen 1960er Jahren über 10.000 Apparate in Betrieb gewesen sein, auch in Deutschland waren es mehrere Tausend.

Doch Lowe sollte wenig haben von seiner Erfindung. Zwar war er der Erste, der einen Patentantrag stellte, aber Antrag heißt noch nicht Patent. Lowe musste erleben, wie ihn andere überholten, weil deren später gestellte Anträge schneller bearbeitet wurden: Seinem Antrag wurde erst nach acht Jahren, im Jahr 1927, entsprochen.

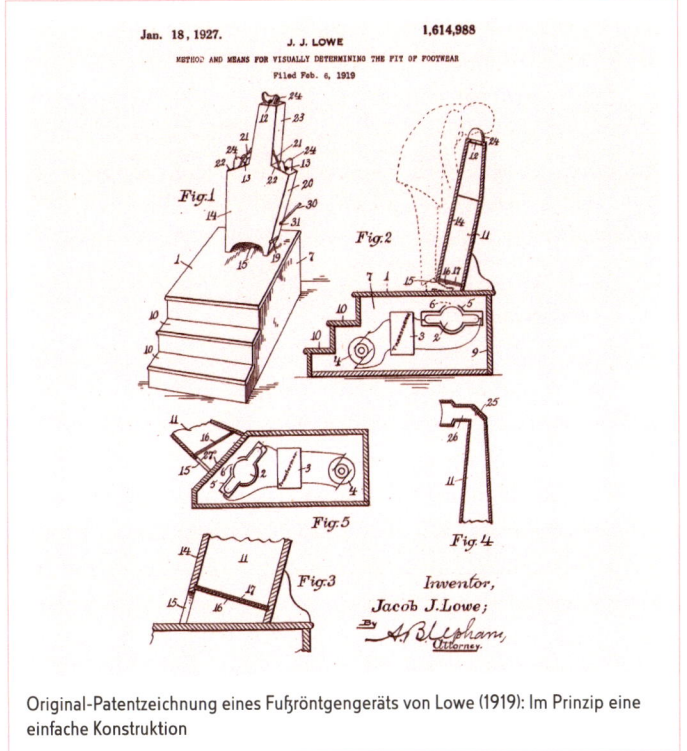

Original-Patentzeichnung eines Fußröntgengeräts von Lowe (1919): Im Prinzip eine einfache Konstruktion

Lowe war ein Opfer des Beamten-Monopoly geworden (das heißt, wer sich bewegt, verliert). In den meisten Quellen werden darum andere als Erfinder des Pedoskops genannt, Lowes »Leistung« geriet in Vergessenheit. Auch sollte es ihm nicht gelingen, im gleichen Maß wie die, die nach ihm kamen, am kommerziellen Erfolg der Schuh-Durchleuchtung teilzuhaben.

Und Erfolg hatten so einige. Die britische Firma Pedoscope behauptete, ihre Apparate bereits ab 1920 in den Handel gebracht zu haben, das britische Patent wurde erst 1925 erteilt. Zu den oft genannten Kandidaten für die Pedoskop-Erfinderkrone gehörte auch M. B. Adrian, der sein Patent am 8. März 1923, basierend auf einer von ihm gebauten Maschine, beantragte. Selbst Adrian hat damit deutlich die Nase vorn im Rennen gegen Clarence Karrer, der – offensichtlich fälschlicherweise – als Pedoskop-Erfinder gilt. Karrer soll die Maschine im Jahr 1924 erfunden haben. Zu diesem Zeitpunkt aber brachten bereits in Deutschland die ersten Hersteller ihre Pedoskope auf den Markt.

Clarence Karrer kann man demnach mit einiger Sicherheit als Erfinder der Höllenmaschine entthronen. Zumal es ein starkes Indiz dafür gibt, dass er und Adrien weniger Erfinder waren als vielmehr Plagiatoren. Karrer und Adrian lebten und arbeiteten am gleichen Ort – als Konkurrenten bei der Entwicklung und Vermarktung von Röntgengeräten, in Milwaukee. Man könnte meinen, der eine habe beim anderen abgekupfert, doch wahrscheinlicher ist, dass sie der gleichen »Anregung« folgten: Es ist dokumentiert, dass Jacob Lowe sein Foot-O-Scope 1921 auf einer Industriemesse in Milwaukee vorgeführt hatte – an jenem Ort also, an dem Adrian und Karrer lebten und arbeiteten. Kurz darauf wurde Milwaukee zu einem Hotspot der Pedoskop-Entwicklung.

Doch egal, ob die Geschichte des Pedoskops nun mit Industriespionage oder Raubkopierertum verbunden ist oder nicht: Klar ist, dass Pedoscope in England, Ernst Gross in Deutschland und viele andere ab 1925 mit der Verstrahlung von Kinderfüßen jede Menge Geld machten.

Adrian, der ursprünglich eine Manufaktur für medizinische Röntgengeräte in Milwaukee betrieb, spezialisierte sich bald fast ausschließlich auf das erfolgreiche Schuh- und Füße-Röntgen. Das zeigt, wie viel Profit man sich von diesem neuen Geschäft erhoffte, denn medizinische Röntgentechnik war damals Hightech vom Feinsten, ein Boom-Sektor mit rapide wachsender Nachfrage.

Adrian entschied sich also für die Marktnische und benannte sein Unternehmen um. Die Adrian X-Ray Shoe Fitter Company konnte sich nicht nur in den USA, sondern auch international einen gehörigen Anteil des Marktes sichern, auch weil Adrian ständig weitere, kompaktere Modelle nachschob und sich die neuen, schlanken Bauformen patentieren ließ.

Damit ließen sich die Füße in den neuen Schuhen nun direkt im Verkaufsladen durchleuchten – bis Anfang der Fünfzigerjahre unter völligem Verzicht auf solche Kleinigkeiten wie Strahlenschutz. Füße röntgen war »in«, und kein Mensch dachte an mögliche Folgen. Das Fluoroskop war so populär, dass es Schuhhändlern anfänglich vor allem als verkaufsfördernde Maßnahme empfohlen wurde – wie sich herausstellte, zu Recht. Gerade Kinder konnten sich dafür begeistern, aber eben auch deren Eltern. »Das haben die damals vor allem bei Kinderschuhen gemacht, und bei Babyschuhen immer«, erzählt meine Mutter heute. »Ihr Kleinen konntet ja nicht sagen, wo es drückt.«

Den letzten Apparat sah ich 1972, kurz nach dem Umzug unserer Familie an den Niederrhein. Ich erinnere mich daran, wie ich in einem Laden dort versuchte, eine solche Maschine zu aktivieren – vergeblich, denn sie hatte keinen »Saft« mehr. Einige Monate noch stand der mit hübschen Kinderaufklebern verzierte Apparat strahlend weiß lackiert in dem Laden. Eines Tages war er dann einfach verschwunden.

# NACHWORT:

## Fische für die Seine

Im Frühjahr 1891 berichtete *L'Illustration* über eine so ungewöhnliche wie umstrittene Aktion: Anfang Mai wurden auf Geheiß der französischen Regierung 40.000 Jungfische in der Seine bei Paris ausgesetzt. Der Fischnachwuchs kam aus einer eigens angelegten Zucht und bestand aus kanadischen Varianten von Lachs und Forelle. Die Aktion wurde zum viel beachteten Spektakel. Nie zuvor hatte man versucht, einen Fluss, dem die Fischbestände abhanden gekommen waren, mit Zuchtfischen wiederzubeleben.

Denn genau das war die Ausgangssituation, die uns heute so vertraut erscheint. Überall in der westlichen Welt hat man in den letzten 30 Jahren Ähnliches versucht, nachdem viele Flüsse dort zu vergifteten, leblosen Abwasserwegen geworden waren. Die »Renaturierung« der Umwelt, die wir seit Beginn der Industrialisierung stärker verändert haben als in all den Millionen Jahren davor, liegt uns am Herzen, ist uns zutiefst sympathisch. Schön zu sehen, wie früh diese Versuche begonnen haben.

Umstritten war die Pariser Aktion dennoch, weil sich Beamte des französischen Staats in der Sache übergangen fühlten. Über das Für und Wider und das genaue Vorgehen gab es Streit, der schließlich durch das Machtwort eines einflussreichen Mannes entschieden wurde, um nicht zuletzt bei der Öffentlichkeit zu punkten. Die Fischaussetzung war populär, die Seine zu dieser Zeit nämlich tatsächlich weitgehend leblos.

Erst im unmittelbar zurückliegenden Winter waren die Fischbestände vernichtet worden – durch eine Rücksichtslosigkeit, die im krassen Gegensatz zu der Sorgfalt stand, mit der anschließend die Wiederbelebung des Flusses versucht wurde. Auch diese Sorgfalt wirkt modern: Die Jungfische hatte man in aktiv mit Sauerstoff versorgten, temperierten Behältern transportiert, deren Temperatur man erst dem Flusswasser anglich, bevor man die Jungfische ins Wasser entließ. Jeder Schock sollte vermieden werden, denn dass Fische mitunter sensibel auf Schocks reagieren, hatte man erst wenige Monate vorher eindrucksvoll beobachten können: Die Fischbestände der Seine waren fast vollständig vernichtet worden, als man versuchte, den Fluss für die Schifffahrt eisfrei zu halten. Das hatte dank einer nagelneuen Erfindung auch ganz prächtig funktioniert, mit ihr ließ sich das Eis vor den Schiffen einfach aufsprengen: Dynamit.

Danach war also Fisch-Nachschub aus Kanada vonnöten. Ich habe am Ende dieses Buchs das Gefühl, dass sich seitdem relativ wenig geändert hat. Die Frage, die bleibt, ist diese: Über welche unserer Entscheidungen, Marotten, Irrwege und fatalen Irrtümer werden unsere Nachfahren in 100 Jahren lachen, sich wundern oder grausen? Der Blick zurück lässt vermuten, dass wir gerade dabei sind, nicht weniger Böcke zu schießen als die Generationen vor uns. Und jeder davon wird etwas über uns aussagen ...

# QUELLENVERZEICHNIS

Bellamy, Edward: *Looking Backward.* New York: Dover Publications, 1996 (Neuauflage der Erstausgabe von 1888: ursprgl. Erschienen bei Ticknor and Company)

Blom, Philipp: *The Vertigo Years.* London: Phoenix, 2009

Brehmer, Arthur: *Die Welt in 100 Jahren.* Berlin, 1910 (Neuauflage: Olms Verlag, Hildesheim 2010)

Buchwald, Jed Z.: *Scientific Credibility and Technical Standards: In 19th and Early 20th Century Germany and Britain.* Springer Netherlands, 1996

Caufield, Catherine: *Das strahlende Zeitalter.* München: C.H. Beck 1994

Deutsches Zentrum für Luft- und Raumfahrt (DLR): *Die Erde bei Nacht,* zu sehen auf www.dlr.de.

Duchenne (de Boulogne), G.-B.: *Mécanisme de la physionomie humaine* (Atlas). Paris: J.-B. Bailliere et Fils, 1876

Dulken, Stephen van: *Inventing the 19th Century.* London, British Library, 2001

Eckart, Wolfgang U.: *Illustrierte Geschichte der Medizin.* Spirnger, Heidelberg, 2011

Frankenberg, Richard von, Neubauer, Hans-Otto: *Geschichte des Automobils.* Künzelsau: Sigloch Edition, 1999

Gleitsmann, Rolf-Jürgen; Kunze, Rolf-Ulrich; Oetzel, Günther: *Technikgeschichte.* Konstanz: UVK, 2009

Holmes, Richard: The Age of Wonder. London: HarperPress, 2008

Maines, Rachel P.: *The Technology of Orgasm.* Baltimore: The Johns Hopkins University Press, 1999

Marvin, Carolyn: *When old technologies were new.* Oxford: Oxford University Press, 1988

McClellan III, James E. und Dorn, Harold: *Science and Technology in World History.* Baltimore: Johns Hopkins University Press, 2006

McCoy, Bob: Quack! *Tales of Medical Fraud.* Santa Monica: Santa Monica Press, 2000

*Meyers Großes Konversations-Lexikon*; 6. Auflage. Leipzig, 1905 (digitale Ausgabe: www.zeno.org/Meyers-1905)

Rowland, R.E.: *Radium in Humans.* Argonne: Argonne National Laboratory, 1994

Schivelbusch, Wolfgang: *Lichtblicke.* München: Carl Hanser Verlag, 1983

Simon, Linda: *Dark Light.* Orlando: Harcourt, 2004

Sungook Hong: *Wireless.* MIT Press, Cambridge, Massachusetts, 2001

Thomas de la Peña, Carolyn: *The Body Electric.* New York: New York University Press, 2003

Vries, Leonard de: *Victorian Inventions.* Norwich, Jarrold and Sons, 1971

Weightman, Gavin: *The Industrial Revolutionaries.* London: Atlantic Books, 2007

Weightman, Gavin: *What the Industrial Revolution Did for Us.* London: BBC Books, 2003

White, Thomas H.: *United States Early Radio History.* Webseite, 1996-2003: http://earlyradiohistory.us

Wittmaack, TH.: *Die Hysterie.* Leipzig, 1857

Yorke, Stan: *The Domestic Revolution Explained.* Newbury: Countryside Books, 2008

Ziemssen, Hugo von: *Die Electrizität in der Medicin.* Verlag August Hirschwald, Berlin, 1866

Weitere Quellen: Die Archive von *Popular Science, Popular Mechanics, Polytechnische Nachrichten, Scientific American,* von Siemens, Porsche, Wikipedia sowie diverser Zeitungen und Zeitschriften. Dazu Kataloge von Großhändlern elektrischer und therapeutischer Gerätschaften von 1897 bis 1910.

# VERZEICHNIS DER ABBILDUNGEN

Seite 12 und Seite 13: Produkt-Gebrauchsanweisung, Velmag Vereinigte Fabriken elektr. Messinstrumente und Apparate mbH, Leipzig 1928

Seite 31: *Meyers Großes Konversationslexikon*, Leipzig, 1905

Seite 32: Stich von Georg Mathias Bose, ca. 1730-1740

Seite 33: Zeitgenössischer Stich ungeklärter Urheberschaft, Frankreich, ca. 1750

Seite 34: Stich von Georg Mathias Bose, 1737

Seite 37: Karikatur von H.R. Robinson, 1836 (Abgerufen von US National Library of Medicine)

Seite 43, 44 und 46: Illustrationen aus Giovanni Aldini: *Essai théorique et experimental sur le galvanisme, Paris,* 1804

Seite 49: *Popular Mechanics*, New York, Juli 1922

Seite 53: Anzeige aus *Jugend*, München, 1919

Seite 54: *Punch*, London, Juli 1889

Seite 57: Nasa, Ausschnitt aus Nachtbild der gesamten Welt

Seite 58: DLR/Nasa: Screenshot aus Video von Nachtüberflügen der ISS, www.dlr.de

Seite 61: Werbeplakat der AEG, 1907

Seite 62: Skizze von J. O. Davidson, publiziert in *Harper's Weekly*, New York, März 1883

Seite 64 und 65: *Scientific American*, New York, Juli 1884

Seite 73: Skizze eines unbek. Illustratoren, publiziert in *Die Gartenlaube*, Leipzig, 1863

Seite 74: Fotograf unbekannt, Bild ca. 1878

Seite 78: *Modern Mechanics*, Juni 1934.

Seite 85: Zeitgen. Stiche von Wasser-Fahrrädern, Verfasser unbekannt, erstmals publiziert 1884 und 1893 in diversen Zeitungen und Magazinen

Seite 87: *La Nature*, Paris, 1892

Seite 92: Abbildung ungeklärter Herkunft, um 1892

Seite 95: *Modern Mechanics*, Oktober 1931

Seite 98: Unbekannter Fotograf, Marconi Radiowerkstätten, 15. Juni 1920

Seite 101: *Telephony*, San Francisco, 18. Dezember 1909

Seite 102 und 103: *Scientific American*, New York, 1889

Seite 108: Scan eines zeitgenössischen Stichs unbekannter Urheberschaft, ca. 1803

Seite 112: Modern Mechanics, September 1930

Seite 117: Satirische Karikatur von H. T. Alken, 1831

Seite 123: *Polytechnisches Journal*, Stuttgart, 1859, Band 152: Gezeichnete Kopien nach Boydells Patenschrift (Rad) und dem Burrell-Maschinenkatalog von 1856

Seite 124: Zeitgen. Foto, Fotograf unbekannt, ca. 1875

Seite 127: Zeitgen. Foto, Fotograf unbekannt, ca. 1899

Seite 128: Zeitgen. Foto, Fotograf unbekannt, ca. 1906. Aus dem Bestand der State Library & Archives of Florida

Seite 129: Zeitgen. Foto, Fotograf unbekannt, 1903

Seite 132: *Scientific American Supplement*, 25. New York, September 1895

Seite 133: Zeitgen. Foto, Fotograf unbekannt, 1911-1915

Seite 135: *Modern Mechanics*, Juni 1931

Seite 137: Foto von 1900, Porsche Archiv

Seite 140: Werbebilder für Detroit Electric, Andersen Electric Car Company, 1919. Library of Congress

Seite 143: *Popular Science*, New York, 1922

Seite 145 und 147: Siemens-Schuckert Werke, 1907: Katalog »Elektrischer Stadtwagen Type B«

Seite 148: Fotografin: Mary, Countess of Rosse. Jahr unbekannt.

Seite 149: Zeitgen. Kupferstich, unbekannter Künstler, ca. 1860

Seite 155: Zeitgen. Foto, Fotograf unbekannt, 1911

Seite 156: Werbeanzeige der Reeves Sexto-Octo Company, 1912

Seite 157: Renault

Seite 161: Buchillustrationsstich von Andrew Bell, veröffentlicht wahrscheinlich 1784. Scan: Library of Congress

Seite 164: Sammelkartenserie, ca. 1890-1900. Ursprünglich: Romanet & cie., Paris. Library of Congress

Seite 169: Werbefoto der Royal Specialty Co., 1909. Library of Congress

Seite 174: *Popular Science*, New York, Oktober 1940

Seite 178: Anzeige der DILA-THERM COMPANY INC, diverse Publikationen, 1941-49

Seite 179: Werbeanzeige der Renulife Electric CO.; diverse Publikationen, 1920

Seite 180: Anzeige der Vigor Co., London, 1896/97

Seite 183 oben: Katalogabbildungen aus: Carl Wendschuch, Leipzig. Haupt-Katalog, Ausgabe 1910

Seite 183 unten und Seite 184: Produkt-Gebrauchsanweisung, Velmag Vereinigte Fabriken elekt. Messinstrumente und Apparate mbH, Leipzig 1928

Seite 187: *Popular Science*, New York, August 1923

Seite 188: Anzeige aus *Jugend*, München 1910

Seite 190 oben: Werbeanzeige der Dr. Ballowitz & CO., Pankow, ca. 1925

Seite 190 unten: Werbung von George A. Scott, 1883. Diverse Publikationen

Seite 191: Werbefoto für den Theronoid-Gürtel, ein Klon des I-ON-A-CO-Gürtels, ca. 1930

Seite 192: *Modern Mechanics*, Dezember 1936

Seite 196: *Scientific American*, New York, 1891

Seite 197: *Modern Mechanics*, Juni 1932

Seite 201: Polizisten in Seattle, Dezember 1918. Unbekannter Fotograf, National Archive, Reg.-Nr. 165-WW-269B-25

Seite 202: *Popular Science*, New York, 1920

Seite 203: *Popular Science*, New York, 1920

Seite 204 oben: Werbeanzeige, diverse Publikationen, ca. 1920

Seite 204 unten: *Popular Mechanics*, New York, 1919

Seite 206: Porträt, unbekannter Fotograf, Jahr unbekannt, vor 1875

Seiten 208 und 209: Duchenne de Boulogne, G.-B. 1876. *Mécanisme de la physionomie humaine*. Atlas. Deuxième édition. Paris: J.-B. Bailliere et Fils

Seite 210: *Modern Mechanics*, 1933

Seite 215: Wilhelm Conrad Röntgen, 1895

Seite 216: Zeitungsanzeige, ca. 1897

Seite 218: Bild aus Edisons Werkstätten, Fotograf unbekannt, ca. 1896/97

Seite 220: *Popular Mechanics*, New York, 1924

Seite 226 und 227: *Meyers Großes Konversations-Lexikon*, Band 17. Leipzig 1909

Seite 229: Oak Ridge Associated Universities (ORAU), Health Physics Historical Instrumentation Museum Collection

Seite 230 oben: Anzeige Burk & Braun, diverse Publikationen, Jahr unbekannt. Via www.mta-r.de

Seite 230 unten: Oak Ridge Associated Universities (ORAU), Health Physics Historical Instrumentation Museum Collection

Seite 231: Werbeplakat Tho-radia, ab 1932, diverse Publikationen

Seite 232-235: Broschüre der Auergesellschaft, ca. 1935-1940

Seite 237: Oak Ridge Associated Universities (ORAU), Health Physics Historical Instrumentation Museum Collection

Seite 240: Fotograf: Falk, kein Vorname. Zuerst publiziert in Munsey's Magazine, New York, November 1903

Seite 243: Oak Ridge Associated Universities (ORAU), Health Physics Historical Instrumentation Museum Collection

Seite 246: *Modern Mechanics*, Dezember 1933

Seite 252: Britische Zeitungsanzeige, ca. 1926

Seite 255: *Meyers Großes Konversations-Lexikon*, 6. Auflage, 1905-1909

Seite 257: US-Zeitungsanzeige, ca. 1927, diverse Publikationen

Seite 258: Promotion-Foto, Herkunft unbekannt, ca. 1920

Seite 264 und 265: Oak Ridge Associated Universities (ORAU), Health Physics Historical Instrumentation Museum Collection

Seite 269: Original-Patentschrift von Jacob J. Lowe, 1927, United States Patent and Trademark Office

Seite 273: *Scientific American Supplement*, New York, Mai 1891

Seite 286 und 287: Diverse Anzeigen aus europäischen und amerikanischen Zeitungen.

Seite 286 unten rechts: Foto: Körperertüchtigungs- und Vibrationsmaschine. Aus Alfred Levertin: *Dr. G. Zander's Medico-Mechanische Gymnastik*, Stockholm, 1892. Digitalisiertes Faksimile der Originalausgabe via www.archive.org/details/drgzandersmedico00leve

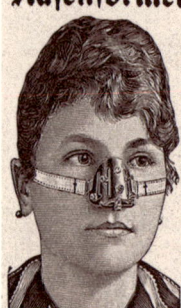
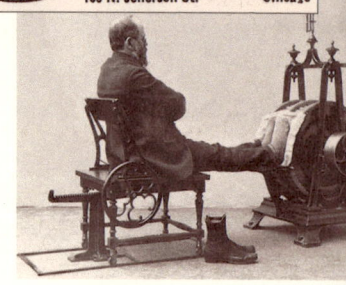

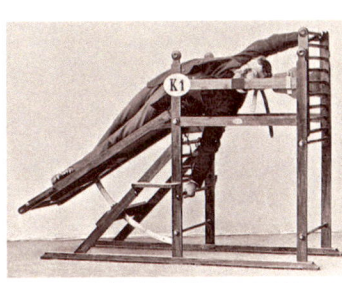
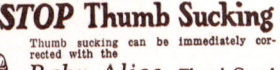

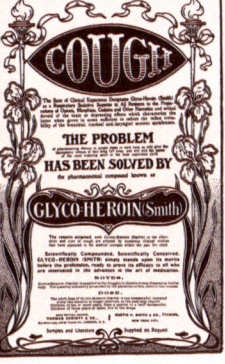

# REGISTER

*Von Stonehenge bis zur Oper von Sydney –*
*in 20 Bauten um die Welt!*

Bernd Ingmar Gutberlet
DIE NEUEN WELTWUNDER
In 20 Bauten durch
die Weltgeschichte
240 Seiten
mit zahlreichen
Abbildungen
ISBN 978-3-404-60683-2

Bernd Ingmar Gutberlet studierte in Berlin und Budapest Geschichte und hat als Journalist, Lektor und Projektmanager im Kulturbereich gearbeitet. Seine Bücher Die 50 *populärsten Irrtümer der deutschen Geschichte* und *Die 50 größten Lügen und Legenden der Weltgeschichte* wurden Bestseller. 2008 und 2009 folgten *Die 33 wichtigsten Ereignisse der deutschen Geschichte* und das Sachbuch Der Maya-Kalender. Die Wahrheit über das größte Rätsel einer Hochkultur, das im gleichen Programm als TB erscheinen wird.

Bastei Lübbe Taschenbuch

*Achterbahnfahrten sind gut gegen Asthma*
*Blasendruck erhöht das Denkvermögen*
*Hühner stehen auf hübsche Menschen*

Gunther Müller
FETTE VÖGEL GEHEN
ÖFTER FREMD
Skurrile Erkenntnisse
aus der Welt der
Wissenschaft
208 Seiten
ISBN 978-3-404-60688-7

Ob Sie es glauben oder nicht, all das ist wissenschaftlich erforscht. Gunther Müller hat die unsinnigsten, aberwitzigsten und unglaublichsten Studien der Welt gesammelt und erklärt ihre Bedeutung für die Menschheit. Das bringt nicht nur überraschende Erkenntnisse, diese Forschungsergebnisse können sogar Leben retten – oder wissen Sie, ob eine leere oder eine volle Bierflasche die gefährlichere Waffe bei einer Kneipenschlägerei ist?

*Wahnwitz trifft Wissenschaft – so haben Sie Forschung noch nie erlebt!*

Bastei Lübbe Taschenbuch